2020
2021
2022
2023
2024
2025
2026
2027
2028
2029
2030

EMISSION PEAK

▼

CO_2

▼

2031
2032
2033
2034
2035
2036
2037
2038
2039
2040

▼

2050

▼

2060

CARBON NEUTRALITY

碳达峰

EMISSION PEAK

▼

碳中和

CARBON NEUTRALITY

▼

简明

▼

行动指南

▼

主　编　唐人虎　周洁婷

副主编　陈　曦　孟兵站　周红明

中国环境出版集团·北京

图书在版编目（CIP）数据

碳达峰碳中和简明行动指南 / 唐人虎，周洁婷主编. —北京：中国环境出版集团，2022.9
ISBN 978-7-5111-5334-0

I.①碳… II.①唐… ②周… III.①二氧化碳—节能减排—中国 IV.①X511

中国版本图书馆 CIP 数据核字 (2022) 第 169902 号

出 版 人	武德凯
策划编辑	赵惠芬
责任编辑	田　怡
责任校对	薄军霞
装帧设计	潘振宇

出版发行　中国环境出版集团
　　　　　（100062 北京市东城区广渠门内大街 16 号）
　　　　　网　　址：http://www.cesp.com.cn
　　　　　电子邮箱：bjgl@cesp.com.cn
　　　　　联系电话：010-67112765（编辑管理部）
　　　　　　　　　　010-67175507（第六分社）
　　　　　发行热线：010-67125803，010-67113405（传真）
印　　刷　北京市联华印刷厂
经　　销　各地新华书店
版　　次　2022 年 9 月第 1 版
印　　次　2022 年 9 月第 1 次印刷
开　　本　787×1092　1/16
印　　张　12.5
字　　数　160 千字
定　　价　89.00 元

编 写 人 员

▼　　▼　　▼　　▼

主　　编　唐人虎　周洁婷

副 主 编　陈　曦　孟兵站　周红明

编写人员　（按姓氏拼音排序）

　　　　　　白文浩　毕洁玢　呼盼威

　　　　　　林立身　刘焰真　裴定宇

　　　　　　王立雪　王思聪　王文强

　　　　　　王宇飞　杨玲燕　张佳明

　　　　　　邹安妮　张　杨

序言

　　"力争于2030年前实现碳达峰、2060年前实现碳中和",是党中央、国务院审时度势、深思熟虑,从国情及世界发展大局出发作出的重大战略决策。实现碳达峰、碳中和,不仅可以使中国为全球应对气候变化作出贡献,而且可以对整个国家的高质量发展起到带动作用。它不仅拉动了我国能源工业的转型升级,而且也带动了全社会各个行业的高质量发展。

　　实现碳达峰碳中和的核心路径之一是能源结构的调整。我国作为一个发展中国家,还有进一步发展能源的需求,且我国的能源资源禀赋是"以煤为主"的。在这个背景下,要调整能源结构,任务是非常艰巨的。我国已经为此付出了巨大的努力,20世纪80年代,在中国制定能源政策的时候,就已经开始把可再生能源、新能源列入国家能源政策中,并纳入国家科技攻关计划。经过几十年的发展,尤其到2005年通过《中华人民共和国可再生能源法》后,中国可再生能源的开发利用走上了快车道。如今世界上新的产业纪录,已不断被中国企业所打破。中国已成为可再生能源产业能力最强、装机容量最大的国家。不过,要实现碳达峰,最终实现碳中和,还需要继续大力推动能源建设,发展可再生能源、建设水能、风能、太阳能、地热能、生物质能、海洋能以及核能综合起来形成多能互补的以非化石能源为主体的新型电力系统和能源系统,同时促进能源消费总量尽早达到峰值,为碳中和赢得更多的时间。

　　实现"双碳"目标是一项涉及经济社会发展全局的系统工程。除了能源结构调整,工业、建筑、交通等重点领域的节能增效与电气化也是必不可少的,而且在碳达峰阶段,重点领域节能增效将贡献最多的减排量。同时能源需求侧的结构低碳化转型,将进一步带动供给侧结构调整。

此外，在实现碳达峰的过程中，还需要努力推动绿色生产力的发展，让更多的绿色低碳科技创新成果得到开发、应用、转化和产业化。为此，我国需要构建一套创新的绿色低碳循环发展经济体系，从管理创新、技术创新、制度创新等多方面共同促进科技创新成果的规模化产业化。

可以说，实现"双碳"目标是一个非常庞大的系统工程，不是单一一个行业就能够完成的，它涉及能源、工业、建筑、交通、农业、林业等等，我们的生产生活方式和消费方式都要进行绿色化转变，这样的转变会关系到每一个城市、企业、机构和个人。

因此，对于地方政府而言，正确认识、理解并科学推进、落实国家碳达峰碳中和战略，是一项具有重大意义、也是机遇与挑战并存的工作。地方政府应按照国家和上级政府的要求，深入开展碳达峰碳中和相关的基础研究，结合地方基础条件与优势特色，从规划入手，确定实施路径与时间表，综合考虑产业转型升级、能源结构调整、能源效率提高、碳汇能力提升、绿色生产生活方式倡导等方面，并配套有效的管理制度、机制、措施、手段，扎实有序推动碳达峰碳中和各项工作开展。

本书分析了我国"双碳"目标提出的背景和意义，并基于编写组多年的从业经验及由此形成的对碳达峰碳中和政策和行动框架的理解，将理论和实践紧密结合起来，系统地梳理了我国过去十几年来在低碳领域开展的工作和自"双碳"目标提出以来国家、各地政府、重点企业的行动响应，最后从顶层设计、高质量发展、重点领域行动、保障措施等方面给行业及地方政府落实"双碳"目标提供了较为全面、有较强参考意义的措施建议。

实现碳达峰碳中和是一场长达40年的"长跑"，要坚定不移推进，但"不可毕其功于一役"，同时还需要以大局观、全局观，统筹谋划、科学落实。希望本书的出版对地方推动碳达峰碳中和工作的开展发挥积极的作用。

原国务院参事，科技部原秘书长、党组成员，
中国投资协会能投委专家委主席，世界绿色设计组织主席

前言

2020年9月22日，习近平总书记在第七十五届联合国大会一般性辩论上向全世界做出了"中国二氧化碳排放力争于2030年前达到峰值，努力争取2060年前实现碳中和"的庄严宣示，并在随后多次重要国际会议上反复强调我国对该目标言出必行，充分体现了我国坚定不移走低碳发展道路的决心与信心。碳达峰、碳中和已上升为国家长期战略，相关内容写入《中共中央关于制定国民经济和社会发展第十四个五年规划和二〇三五年远景目标的建议》；2021年9月22日，《中共中央　国务院关于完整准确全面贯彻新发展理念做好碳达峰碳中和工作的意见》正式发布，明确了贯穿碳达峰、碳中和两个阶段的顶层设计；10月26日，国务院印发了《2030年前碳达峰行动方案》，为碳达峰阶段进一步做出了总体部署。

实现碳达峰、碳中和，是党中央统筹国内国际两个大局做出的重大战略决策，是着力解决资环环境约束突出问题、实现中华民族永续发展的必然选择，是构建人类命运共同体的庄严承诺。正如习近平总书记所说，实现碳达峰、碳中和是一场广泛而深刻的经济社会系统性变革，"不是别人让我们做，而是我们自己必须要做"。碳达峰、碳中和目标事关国家未来发展战略、方向与节奏，将推动我国未来几十年在发展方式、能源结构、科技创新、社会观念等方面产生全方位多层次的深刻变革，实现经济社会发展建立在资源高效利用和绿色低碳发展的基础之上。

碳达峰、碳中和目标统领并重构了当前我国应对气候变化、低碳发展的工作思路与格局，明确了下一阶段经济社会发展、应对气候变化、生态环境保护等各项工作的新方向、新要求。习近平总书记在2021年4月主持中共中央政治局集体学习时提出，各级党委和政府要明确实现碳达峰、碳中和的时间表、路线图、施工图。因此，如何在国家碳达峰、碳中和战略指引下，结合本地特色与实际情况，更好地推动应对气候变化与低碳发展工作，将碳达峰、碳中和目标合理分解、有序推进、落实到位，是各地政府及主管部门"十四五"期间的一项重点任务。

本书分为六章，围绕碳达峰、碳中和目标这条主线，结合该领域部分专家学者的研究成果以及地方、企业实际项目案例和经验，基于碳达峰、碳中和"为什么提出""过去做了什么""已经做了哪些""未来该如何做"等主要问题组织内容，介绍了碳达峰、碳中和的基本概念、形势背景与机遇挑战，梳理总结了目标提出后国家相关部委出台的主要政策以及地方政府、行业协会、重点企业的行动响应，并回顾了我国实现碳达峰、碳中和目标的工作基础与已有实践，最后针对地方政府及主管部门提出实现碳达峰、碳中和的措施建议。

参与本书编写的主要人员包括：

第一章：王宇飞、张佳明、刘焰真

第二章：唐人虎、白文浩、王立雪

第三章：王文强、毕洁玢、王思聪

第四章：孟兵站、林立身、呼盼威

第五章：陈　曦、周红明、邹安妮

第六章：周洁婷、杨玲燕、裴定宇

最后，本书定稿于2022年8月1日，在此之后，国家部委、地方政府还将陆续发布碳达峰、碳中和相关的新政策，相关行业协会与企业也将持续开展新的工作，这些内容本书无法涵盖，敬请谅解。由于时间和水平限制，书中不足和疏漏之处在所难免，欢迎广大读者批评指正。

编　者

2022年8月

目录

碳达峰碳中和相关基本概念

2020年9月22日，习近平总书记在第七十五届联合国大会一般性辩论上向全世界做出了"中国二氧化碳排放力争于2030年前达到峰值，努力争取2060年前实现碳中和"的庄严宣示，并在随后多次重要国际会议上反复强调我国对该目标言出必行。本章回顾了中国政府关于碳达峰、碳中和目标的重要论述，并对碳达峰、碳中和相关概念进行总结梳理，最后对温室气体、温室效应、气候变化等内容进行阐释。

▶第一节▶目标提出▶

1.历次阐述

2020年9月22日，习近平总书记在第七十五届联合国大会一般性辩论上向世界宣布了中国的碳达峰、碳中和目标。习近平总书记指出，中国将提高国家自主贡献力度，采取更加有力的政策和措施，二氧化碳排放力争于2030年前达到峰值，努力争取2060年前实现碳中和。各国要树立创新、协调、绿色、开放、共享的新发展理念，抓住新一轮科技革命和产业变革的历史性机遇，推动疫情后世界经济"绿色复苏"，汇聚起可持续发展的强大合力。

这是我国对碳达峰、碳中和目标的首次宣示，这一重要宣示为我国应对气候变化、绿色低碳发展提供了方向指引、擘画了宏伟蓝图。自首次宣示后的一年时间内，习近平总书记又在10余次重要国际会议上反复强调我国对碳达峰、碳中和目标将言出必行，他在2020年12月召开的气候雄心峰会上，宣布了更加详细的目标和一系列新举措，包括"到2030年，中国单位国内生产总值二氧化碳排放将比2005年下降65%以上，非化石能源占一次能源消费比重将达到25%左右，森林蓄积量将比2005年增加60亿m³，风电、太阳能发电总装机容量将达到12

2

亿kW以上"等。在碳达峰、碳中和目标提出一周年之际，习近平总书记在第七十六届联合国大会一般性辩论上再次强调该目标，并提出"中国将大力支持发展中国家能源绿色低碳发展，不再新建境外煤电项目"。这些都充分体现了我国切实推动碳达峰、碳中和目标实现，坚定不移走低碳发展道路的决心和信心。在碳达峰、碳中和目标提出的一年时间里，我国政府在国际会议上关于"碳达峰碳中和目标"的部分阐述见表1-1。

表1-1　我国政府在国际会议上关于"碳达峰碳中和目标"的部分阐述

时间	会议名称	碳达峰碳中和目标相关阐述
2020年9月22日	第七十五届联合国大会一般性辩论	中国将提高国家自主贡献力度，采取更加有力的政策和措施，二氧化碳排放力争于2030年前达到峰值，努力争取2060年前实现碳中和。各国要树立创新、协调、绿色、开放、共享的新发展理念，抓住新一轮科技革命和产业变革的历史性机遇，推动疫情后世界经济"绿色复苏"，汇聚起可持续发展的强大合力
2020年9月30日	联合国生物多样性峰会	中国将秉持人类命运共同体理念，继续做出艰苦卓绝努力，提高国家自主贡献力度，采取更加有力的政策和措施，二氧化碳排放力争于2030年前达到峰值，努力争取2060年前实现碳中和，为实现应对气候变化《巴黎协定》确定的目标做出更大努力和贡献
2020年11月12日	第三届巴黎和平论坛（致辞题目：共抗疫情，共促复苏，共谋和平）	绿色经济是人类发展的潮流，也是促进复苏的关键。中欧都坚持绿色发展理念，致力于落实应对气候变化《巴黎协定》。不久前，我提出中国将提高国家自主贡献力度，力争2030年前二氧化碳排放达到峰值，2060年前实现碳中和，中方将为此制定实施规划

时间	会议名称	碳达峰碳中和目标相关阐述
2020年11月17日	金砖国家领导人第十二次会晤（讲话题目：守望相助共克疫情携手同心推进合作）	我们要坚持绿色低碳，促进人与自然和谐共生。全球变暖不会因疫情停下脚步，应对气候变化一刻也不能松懈。我们要落实好应对气候变化《巴黎协定》，恪守共同但有区别的责任原则，为发展中国家特别是小岛屿国家提供更多帮助。中国愿承担与自身发展水平相称的国际责任，继续为应对气候变化付出艰苦努力。我不久前在联合国宣布，中国将提高国家自主贡献力度，采取更有力的政策和举措，二氧化碳排放力争于2030年前达到峰值，努力争取2060年前实现碳中和。我们将说到做到
2020年11月22日	二十国集团领导人利雅得峰会"守护地球"主题边会	加大应对气候变化力度。二十国集团要继续发挥引领作用，在《联合国气候变化框架公约》指导下，推动应对气候变化《巴黎协定》全面有效实施。不久前，我宣布中国将提高国家自主贡献力度，力争二氧化碳排放2030年前达到峰值，2060年前实现碳中和。中国言出必行，将坚定不移加以落实
2020年12月12日	气候雄心峰会（讲话题目：继往开来，开启全球应对气候变化新征程）	中国为达成应对气候变化《巴黎协定》做出重要贡献，也是落实《巴黎协定》的积极践行者。今年9月，我宣布中国将提高国家自主贡献力度，采取更加有力的政策和措施，力争2030年前二氧化碳排放达到峰值，努力争取2060年前实现碳中和。 在此，我愿进一步宣布：到2030年，中国单位国内生产总值二氧化碳排放将比2005年下降65%以上，非化石能源占一次能源消费比重将达到25%左右，森林蓄积量将比2005年增加60亿m^3，风电、太阳能发电总装机容量将达到12亿kW以上

续表

时间	会议名称	碳达峰碳中和目标相关阐述
2021年1月25日	世界经济论坛"达沃斯议程"对话会（致辞题目：让多边主义的火炬照亮人类前行之路）	中国将继续促进可持续发展。中国将全面落实联合国2030年可持续发展议程。中国将加强生态文明建设，加快调整优化产业结构、能源结构，倡导绿色低碳的生产生活方式。我已经宣布，中国力争于2030年前二氧化碳排放达到峰值、2060年前实现碳中和。实现这个目标，中国需要付出极其艰巨的努力。我们认为，只要是对全人类有益的事情，中国就应该义不容辞地做，并且做好。中国正在制定行动方案并已开始采取具体措施，确保实现既定目标
2021年4月16日	中、法、德领导人视频峰会	我一直主张构建人类命运共同体，愿就应对气候变化同法德加强合作。我宣布中国将力争于2030年前实现二氧化碳排放达到峰值、2060年前实现碳中和，这意味着中国作为世界上最大的发展中国家，将完成全球最高碳排放强度降幅，用全球历史上最短的时间实现从碳达峰到碳中和。这无疑将是一场硬仗。中方言必行，行必果，我们将碳达峰、碳中和纳入生态文明建设整体布局，全面推行绿色低碳循环经济发展。中国已决定接受《〈蒙特利尔议定书〉基加利修正案》，加强氢氟碳化物等非二氧化碳温室气体管控
2021年4月22日	领导人气候峰会（讲话题目：共同构建人与自然生命共同体）	去年，我正式宣布中国将力争2030年前实现碳达峰、2060年前实现碳中和。这是中国基于推动构建人类命运共同体的责任担当和实现可持续发展的内在要求作出的重大战略决策。中国承诺实现从碳达峰到碳中和的时间，远远短于发达国家所用时间，需要中方付出艰苦努力。中国将碳达峰、

时间	会议名称	碳达峰碳中和目标相关阐述
2021年4月22日	领导人气候峰会（讲话题目：共同构建人与自然生命共同体）	碳中和纳入生态文明建设整体布局，正在制订碳达峰行动计划，广泛深入开展碳达峰行动，支持有条件的地方和重点行业、重点企业率先达峰。中国将严控煤电项目，"十四五"时期严控煤炭消费增长、"十五五"时期逐步减少。此外，中国已决定接受《〈蒙特利尔议定书〉基加利修正案》，加强非二氧化碳温室气体管控，还将启动全国碳市场上线交易
2021年7月6日	世界政党领导人峰会	中国将为履行碳达峰、碳中和目标承诺付出极其艰巨的努力，为全球应对气候变化做出更大贡献。中国将承办《生物多样性公约》第十五次缔约方大会，同各方共商全球生物多样性治理新战略，共同开启全球生物多样性治理新进程
2021年7月16日	亚太经合组织领导人非正式会议	地球是人类赖以生存的唯一家园。我们要坚持以人为本，让良好生态环境成为全球经济社会可持续发展的重要支撑，实现绿色增长。中方高度重视应对气候变化，将力争2030年前实现碳达峰、2060年前实现碳中和。中方支持亚太经合组织开展可持续发展合作，完善环境产品降税清单，推动能源向高效、清洁、多元化发展
2021年9月21日	第七十六届联合国大会一般性辩论（讲话题目：坚定信心 共克时艰 共建更加美好的世界）	完善全球环境治理，积极应对气候变化，构建人与自然生命共同体。加快绿色低碳转型，实现绿色复苏发展。中国将力争2030年前实现碳达峰、2060年前实现碳中和，这需要付出艰苦努力，但我们会全力以赴。中国将大力支持发展中国家能源绿色低碳发展，不再新建境外煤电项目

2.国家战略

2020年10月29日，中国共产党第十九届中央委员会第五次全体会议通过了《中共中央关于制定国民经济和社会发展第十四个五年规划和二〇三五年远景目标的建议》。碳达峰、碳中和目标被纳入其中，作为我国未来五年以及中长期发展的重要战略性指引。在"十、推动绿色发展，促进人与自然和谐共生"的"35.加快推动绿色低碳发展"中提到，降低碳排放强度，支持有条件的地方率先达到碳排放峰值，制定2030年前碳排放达峰行动方案。同时，在"二〇三五年基本实现社会主义现代化远景目标"中提到，广泛形成绿色生产生活方式，碳排放达峰后稳中有降，生态环境根本好转，美丽中国建设目标基本实现。

2020年12月16－18日，中央经济工作会议在北京举行。中共中央总书记、国家主席、中央军委主席习近平发表重要讲话，总结2020年经济工作，分析当前经济形势，部署2021年经济工作。会议确定了2021年要抓好的八项重点任务，做好碳达峰、碳中和工作被列为其中一项重点任务。

2020年中央经济工作会议关于碳达峰碳中和的具体内容
中国二氧化碳排放力争2030年前达到峰值，力争2060年前实现碳中和。要抓紧制定2030年前碳排放达峰行动方案，支持有条件的地方率先达峰。要加快调整优化产业结构、能源结构，推动煤炭消费尽早达峰，大力发展新能源，加快建设全国用能权、碳排放权交易市场，完善能源消费双控制度。要继续打好污染防治攻坚战，实现减污降碳协同效应。要开展大规模国土绿化行动，提升生态系统碳汇能力。

2021年3月15日下午，中共中央总书记、国家主席、中央军委主席、中央财经委员会主任习近平主持召开中央财经委员会第九次会议，习近平在会上发表重要讲话强调，实现碳达峰、碳中和是一场广泛而

深刻的经济社会系统性变革，要把碳达峰、碳中和纳入生态文明建设整体布局，拿出抓铁有痕的劲头，如期实现2030年前碳达峰、2060年前碳中和的目标。

2021年中央财经委员会第九次会议关于碳达峰碳中和的具体内容

会议强调，我国力争2030年前实现碳达峰，2060年前实现碳中和，是党中央经过深思熟虑作出的重大战略决策，事关中华民族永续发展和构建人类命运共同体。要坚定不移贯彻新发展理念，坚持系统观念，处理好发展和减排、整体和局部、短期和中长期的关系，以经济社会发展全面绿色转型为引领，以能源绿色低碳发展为关键，加快形成节约资源和保护环境的产业结构、生产方式、生活方式、空间格局，坚定不移走生态优先、绿色低碳的高质量发展道路。要坚持全国统筹，强化顶层设计，发挥制度优势，压实各方责任，根据各地实际分类施策。要把节约能源资源放在首位，实行全面节约战略，倡导简约适度、绿色低碳生活方式。要坚持政府和市场两手发力，强化科技和制度创新，深化能源和相关领域改革，形成有效的激励约束机制。要加强国际交流合作，有效统筹国内国际能源资源。要加强风险识别和管控，处理好减污降碳和能源安全、产业链供应链安全、粮食安全、群众正常生活的关系。

会议指出，"十四五"是碳达峰的关键期、窗口期，要重点做好以下几项工作。要构建清洁低碳安全高效的能源体系，控制化石能源总量，着力提高利用效能，实施可再生能源替代行动，深化电力体制改革，构建以新能源为主体的新型电力系统。要实施重点行业领域减污降碳行动，工业领域要推进绿色制造，建筑领域要提升节能标准，交通领域要加快形成绿色低碳运输方式。要推动绿色低碳技术实现重大突破，抓紧部署低碳前沿技术研究，加快推广应用减污降碳技术，建立完善绿色低碳技术评估、交易体系和科技创新服务平台。要完善绿色低碳政策和市场体系，完善能源"双控"制度，完善有利于绿色低碳发展的财税、价格、金融、土地、政府采购等政策，加快推进碳排放权交易，积极发展绿色金融。要倡导绿色低碳生活，反对奢侈浪费，鼓励绿色出行，营造绿色低碳生活新时尚。要提升生态碳汇能力，强化国土空间规划和用途管控，有效发挥森林、草原、湿地、海洋、土壤、冻土的固碳作用，提升生态系统碳汇增量。要加强应对气候变化国际合作，推进国际规则标准制定，建设绿色丝绸之路。

会议强调，实现碳达峰、碳中和是一场硬仗，也是对我们党治国理政能力的一场大考。要加强党中央集中统一领导，完善监督考核机制。各级党委和政府要扛起责任，做到有目标、有措施、有检查。领导干部要加强碳排放相关知识的学习，增强抓好绿色低碳发展的本领。

2021年12月8-10日，中央经济工作会议在北京举行。中共中央总书记、国家主席、中央军委主席习近平发表重要讲话，总结2021年经济工作，分析当前经济形势，部署2022年经济工作。会议提出了在新发展阶段需要正确认识和把握的五个重大理论和实践问题，碳达峰、碳中和是其中之一。

2021年中央经济工作会议关于碳达峰碳中和的具体内容
会议认为，实现碳达峰、碳中和是推动高质量发展的内在要求，要坚定不移推进，但不可能毕其功于一役。要坚持全国统筹、节约优先、双轮驱动、内外畅通、防范风险的原则。传统能源逐步退出要建立在新能源安全可靠的替代基础上。要立足以煤为主的基本国情，抓好煤炭清洁高效利用，增加新能源消纳能力，推动煤炭和新能源优化组合。要狠抓绿色低碳技术攻关。要科学考核，新增可再生能源和原料用能不纳入能源消费总量控制，创造条件尽早实现能耗"双控"向碳排放总量和强度"双控"转变，加快形成减污降碳的激励约束机制，防止简单层层分解。要确保能源供应，大企业特别是国有企业要带头保供稳价。要深入推动能源革命，加快建设能源强国。

这些重要文件和会议充分表明，碳达峰、碳中和目标事关我国未来国家战略发展，它不仅仅是能源与环境问题，更是经济与发展问题，将对我国经济结构和社会发展方向产生根本性影响，引发一场包括治理方式、能源、技术、消费等在内的深刻变革。同时，碳达峰、碳中和的战略部署正稳步推进，并提出明确要求，要统筹处理好发展和减排、降碳和安全、破和立、整体和局部、短期和中长期的关系，"要坚定不移推进"，不可"毕其功于一役"。

3.目标比较

事实上，我国早在2009年就提出了碳减排目标，2015年提出了碳达峰目标。2009年，国务院召开常务会议，决定到2020年中国单位国内生产总值二氧化碳排放比2005年下降40%～45%；2015年，中国向《联合国气候变化框架公约》秘书处提交的文件指出，二氧化碳排放2030年左右达到峰值并争取尽早达峰，单位国内生产总值二氧化碳排放比2005年下降60%～65%。此次碳达峰、碳中和目标相较于前两次提出的相对目标，其量化力度更强、引领效力更强、国际影响力更强。从2009年到2015年再到2020年，从碳强度下降的相对目标转变为碳排放达到峰值的绝对目标，从2030年左右达峰的相对时间点转变为2030年前碳达峰、2060年前碳中和的绝对时间点，这是我国低碳发展目标的巨大跃迁（图1-1），充分体现了我国积极应对气候变化、走绿色低碳发展道路的雄心和决心，彰显了我国积极推动构建人类命运共同体的大国担当，也受到了国际社会广泛认可与高度赞誉。

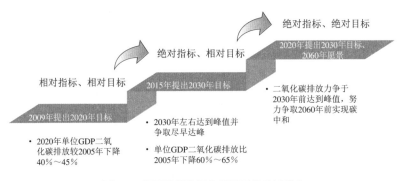

图1-1　我国低碳发展宏观目标的3次跃迁

▶第二节▶概念辨析▶

1.碳达峰

碳达峰即碳排放峰值，指一个经济体或地区碳排放水平不再继续增加，而达峰就是碳排放量在某个时间点达到峰值。其概念如图1-2所示。

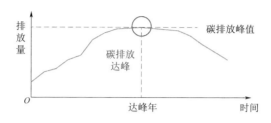

图1-2　碳达峰概念示意

根据不同国家、地区"碳排放"定义的不同，即排放口径和温室气体种类的不同，碳达峰可以有以下不同定义。

（1）全口径、全气体种类的碳达峰

全口径、全气体种类的碳达峰，即全口径温室气体达峰，是指一个经济体或地区由能源活动、工业生产过程、废弃物处理、农业活动、土地利用变化和林业活动等产生的二氧化碳（CO_2）、甲烷（CH_4）、氧化亚氮（N_2O）、氢氟碳化物（HFCs）、全氟碳化物（PFCs）、六氟化硫（SF_6）等所有温室气体排放水平不再继续增加。

（2）全口径二氧化碳达峰

全口径二氧化碳达峰，是指一个经济体或地区由能源活动、工业生产过程、废弃物处理、农业活动、土地利用变化和林业活动等产生的二氧化碳排放水平不再继续增加。

（3）能源活动的二氧化碳达峰

能源活动的二氧化碳达峰，是指一个经济体或地区由能源活动产生的二氧化碳排放水平不再继续增加。

我国所提出的碳达峰是指能源活动和工业生产过程产生的二氧化碳达峰，其排放口径介于上述（2）（3）定义之间。

实现碳排放达峰，必须降低单位GDP的碳强度，努力用碳强度的降低来抵消能源消费增长带来的二氧化碳排放的增量，只有单位GDP碳强度下降的速度高于GDP的增长速度，才能使得二氧化碳的排放不再增长，从而实现二氧化碳排放达峰。此外，碳排放达峰也不意味着能源消费不再增加，而是能源消费增量完全由非化石能源满足。

2.碳中和

根据《PAS 2060:2010碳中和证明规范》，标的物温室气体排放导致大气中全球温室气体排放量净增长为零的情形称为碳中性（Carbon Neutral），碳中性的状态即为碳中和（Carbon Neutrality）。寻求实现碳中和的独立存在的实体可以是国家、社区、组织/企业、协会/社团、家庭及个人，实体选择的标的物包括产品、活动、服务、建筑、城镇和事件等。实现碳中和可以通过植树造林、节能减排等形式抵消标的物自身产生的温室气体排放，实现温室气体排放净增长为零的状态。

根据联合国政府间气候变化专门委员会（The Intergovermental Panel on Climate Change，IPCC）的定义，碳中和指人类活动造成的CO_2排放与全球人为CO_2吸收量在一定时期内达到平衡，即"净零碳排放"。人类活动造成的CO_2排放，包括化石燃料燃烧、工业过程、农业及土地利用活动排放等。碳中和概念如图1-3所示。

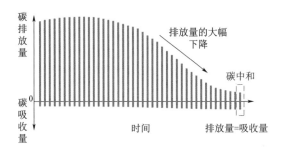

图1-3　碳中和概念

根据生态环境部发布的《大型活动碳中和实施指南》的定义，碳中和是指通过购买碳配额、碳信用的方式或通过新建林业项目产生碳汇量的方式抵消大型活动的温室气体排放量。其中，大型活动是指在特定时间和场所内开展的较大规模聚集行动，包括演出、赛事、会议、论坛、展览等。

3.相关概念

根据温室气体种类和气候影响范围的不同，IPCC还给出了与碳中和含义相近的"净零排放""气候中和"两个概念的定义。

净零排放，是指人类活动造成的全温室气体（GHGs）排放与人为排放吸收量在一定时期内实现平衡。

气候中和，是指人类活动对于气候系统没有净影响的一种状态，需要在人类活动引起的温室气体排放量、排放吸收量（主要是CO_2）以及人类活动在特定区域导致的生物地球物理效应之间取得平衡。

▶第三节▶科学事实▶

1.温室气体

大气中由自然或人为原因产生的能够吸收和释放地球表面、大气和云所射出的红外辐射谱段特定波长辐射的微量气体成分，被称为温室气体。《京都议定书》中规定的6种温室气体包括CO_2、CH_4、N_2O、HFCs、PFCs、SF_6。这些温室气体来自自然产生和人类活动排放，且主要来自人类活动。所有温室气体中对气候变化影响最大的是CO_2，它产生的增温效应占所有温室气体总增温效应的76%，因而最受关注。

温室气体的"源"指向大气排放温室气体、气溶胶或温室气体前体的任何过程或活动，包括天然来源与人类活动排放。海洋和土壤的自然释放是最主要的天然来源。依据世界资源研究所2020年2月发布的数据，全球范围内，与人类活动相关的温室气体排放源主要包括能源消耗、农业生产、土地利用和林业、工业过程以及废弃物排放等。煤炭、石油、天然气等化石燃料燃烧产生的排放占总人为排放的72.9%，涉及电力和热力、交通运输、工业制造和建筑建造等。

温室气体的"汇"指能从大气中清除温室气体、气溶胶或温室气体前体的任何过程、活动或机制，海洋、森林、土壤、岩石、生物体等，都可以产生碳汇。

当年温室气体排放"源"和"汇"的差值即为各温室气体在大气中的含量。2020年全球CO_2、CH_4和N_2O的平均摩尔分数[1]创出新高，其中CO_2含量为413.2ppm[2]，CH_4含量为1 889ppb[3]，N_2O含量为333.2ppb。这些数值分别是工业化前水平的149%、262%和123%。

2.温室效应

来自太阳的热量以短波辐射的形式到达地球外空间，然后穿越大气层到达地球表面，地球表面吸收这些短波辐射热量后升温，升温后的地球表面向大气释放长波辐射热量，这些长波热量却被大气中的温室气体吸收，这样就使得地球表面的大气温度升高，这样的作用原理类似栽培农作物的温室，故名"温室效应"，即透射阳光的密闭空间由于与外界缺乏热对流而形成的保温效应（图1-4）。

---

1 摩尔分数是对多种气体混合物或液体混合物丰度（浓度）的首选表述。在大气化学中，摩尔分数用于将浓度表示为每摩尔干空气中混合物的摩尔数。
2 ppm 为干空气中每百万（10^6）分子所含的该气体的分子数。
3 ppb 为每十亿（10^9）干空气分子中的该种气体分子数。

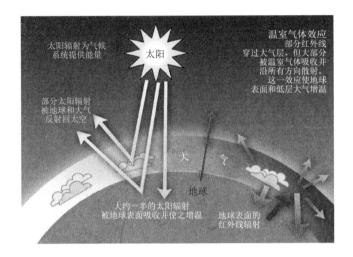

图 1-4　温室效应

如果没有温室效应，全球地表平均温度应为-18℃，工业化前很长一段时间全球地面的平均温度实际上是15℃。由于大气中的温室气体浓度不断增加，地气系统吸收与发射的能量不平衡，能量不断在地气系统累积，从而导致温度上升，造成全球气候变暖。

3.气候变化

气候变化，是指气候平均状态统计学意义上的显著改变或者持续较长一段时间（典型的为10年或更长）的变动。依据IPCC最新的研究报告，近100年来的全球平均地面气温呈急剧上升趋势，1880-2012年，全球地表平均温度上升了约0.85℃，且近50年的全球变暖速率几乎是近100年的2倍（图1-5）。引起气候变化的原因有多种，可分为自然的气候波动与人类活动两大类。人类燃烧化石燃料、毁林以及其他工农业活动造成的大气层温室气体浓度增加，是导致全球变暖的主要原因。未来人为温室气体排放和大气中CO_2的浓度将继续增加，预计到2100年，全球平均地表温度将很可能比工业化之前升高$2 \sim 4℃$。

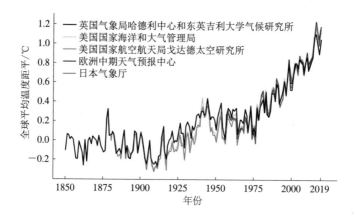

图1-5 1850－2019年全球平均温度距平（相对于1850－1900年平均值）

全球变暖会导致全球降水量重新分配、冰川和冻土消融、海平面上升、气候波动增强、极端气候事件频发、农作物生长环境变化等，不仅危害自然生态系统的平衡，还会加速传染病传播，导致古老病毒释放，增加心脏与呼吸道疾病等，威胁人类的生存与发展。

根据中国气象局气候变化中心发布的《中国气候变化蓝皮书（2020）》，中国地表年平均气温呈显著上升趋势，1961－2019年，中国年平均气温每10年升高0.24℃，升温速率明显高于同期全球平均水平。20世纪90年代中期以来，中国极端高温事件明显增多（图1-6），2019年，云南元江（43.1℃）等64站日最高气温达到或突破历史极值。1980－2019年，中国沿海海平面变化总体呈波动上升趋势，上升速率为3.4 mm/a，高于同期全球平均水平（图1-7）。2019年，中国沿海海平面为1980年以来的第三高位，较1993－2011年平均值高72 mm，较2018年升高24 mm。

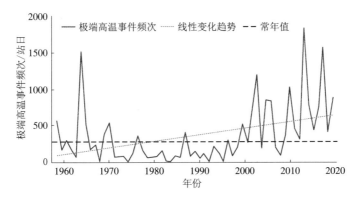

图 1-6 中国极端高温事件频次变化

气候恶化威胁着人类的生存和发展，减缓气候变化是人类遏制气候恶化势头的重要对策，减缓气候变化主要通过降低温室气体的排放，人为地将气候变化的速度和幅度缓和下来。因此，切实推动碳达峰、碳中和目标的实现，坚定不移走低碳发展道路对中国乃至全球经济增长以及人类的可持续发展都有重要意义。

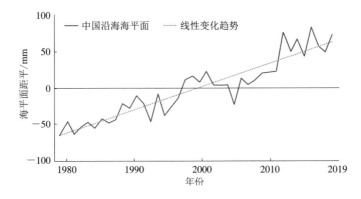

图1-7 1980－2019年中国沿海海平面距平

第二章

碳达峰碳中和的背景与意义

工业革命以来，人类向大气中排放的温室气体所引发的气候变化已经对自然环境造成了诸多不利于人类生存发展的影响，如海平面上升、冰川消融、极端气候加剧等。应对气候变化早已成为全球共识，在此背景下，许多国家积极开展了应对气候变化工作和治理行动。对于我国而言，无论是国际形势还是国内需求，都推动着我国积极开展应对气候变化工作，参与全球气候治理。习近平总书记多次强调，应对气候变化不是别人让我们做，而是我们自己必须要做，应对气候变化是我国可持续发展的内在要求，是主动承担应对气候变化国际责任、推动构建人类命运共同体的责任担当。当然，实现碳达峰、碳中和目标"道阻且长"，但充满挑战的同时也蕴含大量机遇。本章梳理了碳达峰、碳中和目标提出的背景形势，并总结了实现碳达峰、碳中和面临的挑战与机遇。

▶第一节▶背景形势▶

1.国际气候谈判历程

温室气体排放所引起的气候变化已经成为影响全人类共同命运的重要威胁之一。为了研究气候变化的影响及对策等，联合国环境规划署（UNEP）和世界气象组织（WMO）于1988年成立了IPCC。在IPCC研究成果的基础上，联合国大会在1990年12月通过第45/212号决议，决定在联合国大会的主持下成立政府间气候变化谈判委员会，在UNEP和WMO支持下谈判制定一项气候变化框架公约，即后来形成的《联合国气候变化框架公约》。此后，国际上从科学和政治角度频繁地开展研究和讨论，形成了后来的《京都议定书》《巴黎协定》等国际条约，为世界各国应对气候变化行动做出统一安排（详细介绍见附录一）。

（1）《联合国气候变化框架公约》

世界各国于1992年的联合国环境发展大会前就《联合国气候变化框架公约》（以下简称《公约》）文本达成妥协。《公约》开宗明义"承认地球气候的变化及其不利影响是人类共同关心的问题"，《公约》认为，人类活动已大幅增加了大气中温室气体的浓度，进而增强了自然温室效应，将引起地球表面和大气进一步增温，并可能对自然生态系统和人类产生不利影响。而应对气候变化的各种行动本身在经济上是合理的，而且有助于解决其他环境问题。从这一点来看，《公约》是国际社会朝着共同控制温室气体排放的目标迈出的一大步，为以后漫长的国际气候变化谈判奠定了基调，确定了原则。《公约》于1994年3月生效，成为历史上第一个旨在全面控制温室气体排放以应对全球气候变暖给人类经济和社会带来不利影响的国际公约。截至1998年11月，总共有176个国家和地区（包括中国、美国和欧洲主要国家等）在《公约》上签字。然而《公约》中没有对个别缔约方规定具体承担的义务，也没有规定具体实施机制，因此《公约》缺乏法律上的约束力。

（2）《京都议定书》

为了弥补《公约》的局限性，1997年12月在日本京都通过了《联合国气候变化框架公约的京都议定书》（简称《京都议定书》）作为《公约》的补充条款。《京都议定书》在《公约》的基础上进一步落实了在控制碳排放上"共同但有所区分的责任"，并且规定了发达国家温室气体削减总量目标、制定了量化标准和履约期限。《京都议定书》的签订奠定了应对气候变化国际合作的基础。《京都议定书》进一步提出了3种灵活的减排机制，分别为"清洁发展机制"（Clean Development Mechanism，CDM）、"联合履行机制"（Joint Implementation，JI）和"排放交易"（Emission Trading，ET），为国际环境合作建立了多元的、可替代的履约途径，推动了碳交易市场启动。自从《公约》和《京都议定书》生效以后，各国围绕《公约》和《京都议定书》的履行，每年都要举行一次缔约方会议，以评估应对气候变化的进展。然而从《京都议定书》的签订至生效经历了数年之久（2005年2月16日开始强制生效），这暴露了在国际合作中，已完成工业化的发达国家和经济尚未完全发展的欠发达国家之间存在的立场性矛盾。尤其以美国为例，作为《京都议定书》谈判的发起国之一，美国在2001年3月以"违背了美国的经济利益，对发达国家有失公允"为由宣布退出《京都议定书》。除此之外，IPCC研究结果表明，在彻底执行《京都议定书》规定项目的情况下，到2050年之前仅可以把气温的升幅减少0.02~0.08℃。因此，要有效应对气候变化，需要覆盖面更广、力度更大的国际合作。

（3）《哥本哈根协议》

《京都议定书》的签订并没有在全球范围尤其是普罗大众之间，对于气候变化问题达成广泛的共识。在此背景下，2009年12月19日联合国气候变化大会第十五次缔约方大会在丹麦哥本哈根提出了不具有法律约束力的《哥本哈根协议》（以下简称《协议》）。《协议》在"普遍但有所区分的责任"的基础原则上，提出发达国家应该在资金上为发展中国家减排提出帮助，并且要求发达国家的减排目标应达到"可测量、可报告、可核查"的标准。《协议》还表示支持全球升温不应超过2℃的科学共识，并且在2015年之前对《协议》的执行情况进行评估时，讨论全球升温不超过1.5℃的目标。哥本哈根气候大会将气候变化问题提升到前所未有的高度，引发了全球范围的关注。值得注意的是，《协议》并不是一份具有约束力的合约，其原因是发展中国家拒绝承诺达到2020年的中期减排目标，以及发达国家拒绝在资金和技术上为发展中国家提供足够的帮助。就此来看，《协议》签订过程暴露出了发达国家和发展中国家就发展中国家的发展权存在立场上的矛盾。

（4）《巴黎协定》

为解决《京都议定书》和《协议》存在的问题，经过"马拉松式"的多边谈判，2015年12月12日，《公约》的195个缔约方在第21次缔约方大会上签署了《巴黎协定》，正式对2020年后全球气候治理进行了制度性安排，该协定主要内容见附录二。该协定正式启动了全球温室气体减排的进程，从而打破了哥本哈根气候大会以来全球应对气候变化在进程上陷入的法律僵局。

《巴黎协定》中提出协议生效的"双55"标准，即在2016年4月22日—2017年4月21日开放签署中，当不少于55个缔约方，且签署批准的各缔约方国家排放总量至少占全球温室气体总排放量的55%时，缔约方交存其批准、接受、核准或加入文书之日后的第30天起方可生效。"双55"标准降低了法律约束力的条件，在《巴黎协定》通过后不久，已有180多个国家向联合国提交了自主贡献文件，涉及全球95%以上的碳排放。

2016年4月22日《巴黎协定》开放签署，当日共有175个缔约方完成签署，这不仅创下了一天内签署国际协定国家数量最多的纪录，更标志着《巴黎协定》成为全球具有法律约束力的协定，确立了全球气候治理新秩序。该协定首次明确提出了有关气候升温幅度、适应能力、资金流向的三项长期目标，具体如下：①把全球平均气温升幅控制在工业化前水平以上低于2℃，并努力将气温升幅限制在工业化前水平以上1.5℃之内，同时认识到这将大大减少气候变化的风险和影响；②提高适应气候变化不利影响的能力，并以不威胁粮食生产的方式增强气候抗御力和温室气体低排放发展；③使资金流动符合温室气体低排放和气候适应型发展的路径。

　　《巴黎协定》理论上是一个公平合理、全面平衡、富有雄心、持久有效、具有法律约束力的协定，传递出了全球将实现绿色低碳、气候适应型和可持续发展的强有力积极信号。《巴黎协定》成为减少气候变化风险这一历史性进程中的决定性转折点。各方为达成有雄心的、灵活的、可信的和持续有效的协定，在共同但有区别的责任原则下展示出团结一致。《巴黎协定》是继1992年《公约》、1997年《京都议定书》之后，人类历史上应对气候变化的第三个里程碑式的国际法律文本，形成2020年后的全球气候治理格局。然而徒法不足以自行，在《巴黎协定》的实践过程中仍然有许多潜在的问题，如2016年美国政府的"退群"行为就暴露了协定对于强权国家缺乏足够的约束力。因此，不管是发达国家还是发展中国家，在应对气候变化进程中，应摒弃政治立场，履行国际协定，站在人类命运共同体的角度协同合作，实现互惠共赢。

　　全球应对气候变化主要行动如图2-1所示。

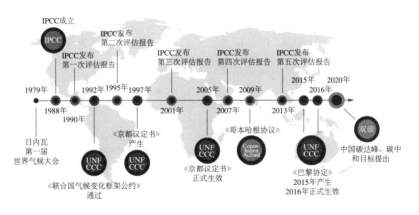

图2-1　全球应对气候变化主要行动

2.主要国家低碳实践

　　碳中和在一定程度上始于低碳经济的概念。历史上与低碳经济有关的实践主要发生在发达国家，各个国家因为各自国情不同，采取的低碳经济发展方式也有所区别。本节将以英国、德国、法国、美国和日本为例，概要介绍全球范围内具有代表性国家的低碳经济发展的实践经验。

英国是低碳经济的提出者和先行者，其低碳经济的建立核心是市场机制。早在20世纪，英国就采取了诸多应对气候变化的行动，如《家庭能源节约法》的制定、《可再生能源强制条件》的实施等。2009年7月，英国发布了《英国低碳转化计划》，要求到2020年碳排放量在1990年的基础上减少34%；40%的电力供应来自低碳领域，其中大部分为核电、风电等清洁能源；除此之外，还提出了要在所有的政府机构里采取"碳预算"、征收气候变化税等措施，严格控制碳排放量。

德国发展低碳经济的措施不同于英国，其核心是以低碳技术为基础发展低碳实业。德国主要从提高能源效率、大力开发可再生能源、实现高新技术战略等方面来推动低碳经济发展。具体政策措施包括实施气候保护高技术战略；提高能源效率，促进节约；征收生态税；大力发展可再生能源；开展排放权交易等。此外，德国还在不断完善低碳相关的法律法规，制定低碳相关的发展战略，开展应对气候变化的国际合作，促进低碳经济发展。

法国作为一个能源资源相对稀缺的国家，其低碳经济的核心是发展核能和可再生能源。从20世纪80年代开始，法国建造了大量核电站并且促成了核能成为该国的能源支柱。法国的低碳经济发展主要依托于国家加大对于核能的投资、大力发展可再生能源、扶持清洁能源汽车产业和提倡征收碳税等措施，通过这些措施，进一步减少了温室气体的排放，并提升了自身经济的核心竞争力。

美国作为世界最大的温室气体排放国之一，其低碳经济发展的核心是抢占低碳技术的制高点。尽管美国在2001年和2016年先后退出了《京都议定书》和《巴黎协定》，应对气候变化和发展低碳经济仍符合美国当下的基本利益。美国以立法为主要手段（如《能源政策法》《低碳经济法案》《美国清洁能源法案》等），以新能源产业为重点，以低碳技术创新、研发和应用为核心发展低碳经济。美国发展低碳经济的特点是目标明确、重点突出，充分利用美国在技术研发方面的比较优势，抢占低碳经济发展的技术制高点，维系其在世界经济中强有力的竞争优势。

日本是一个资源稀缺型国家，其低碳经济的发展核心是充分发挥在非传统能源上积累的技术和产业优势，构建低碳社会。目前，日本的太阳能发电量位居世界前列，其在海洋能、燃料电能、风能、地热和垃圾发电等新能源领域的技术水平和产能也都处于世界领先水平。在此基础上，日本的经济产业省和环境省分别从"技术创新和产业发展"和"生活行为"两个方面制定发展规划，通过政策引导经济发展模式（如颁布《新国家能源战略》《低碳社会行动计划》《绿色经济与社会变革》等）。此外，利用财税政策的激励作用刺激低碳经济发展、加强国际合作、注重国内低碳社会建设的宣传（如环保积分制度）等手段在日本发展低碳经济的过程中都起到了重要作用。

3.欧盟"碳边境调节机制"

2019年12月11日，欧盟委员会主席冯德莱恩在布鲁塞尔公布应对气候变化新政《欧洲绿色协议》（European Green Deal Communication）概要，其中提出到2050年欧洲要在全球范围内率先实现"碳中和"，将欧洲打造成为全球应对气候变化的领导者，从而促进欧洲经济稳定可持续发展、改善民众健康和生活质量、保护自然环境。欧盟委员会在《欧洲气候法》中提出一项具有法律约束力的目标,即欧盟在2050年实现温室气体净零排放。

欧盟委员会的《欧洲绿色协议》提出建立碳边界调整机制(Carbon Border Adjustment Mechanism,CBAM),以防止碳泄漏,并在欧洲和欧洲以外的排放者之间创造一个公平的竞争环境。目前,欧盟已经通过了碳边界调整机制并计划2023年起正式实施。该机制覆盖发电、钢铁、水泥、铝、玻璃等碳排放密集型行业,将推动进入欧盟销售的产品承担同样的碳成本。

由于资源禀赋和全球分工的原因,我国主要出口产品多具有高碳特征,该机制将导致出口市场范围缩小和贸易量、企业效益下降,在一定程度上削弱我国参与全球分工的竞争力。

4.部分国家与企业碳中和目标

IPCC测算,若想实现《巴黎协定》的控温目标,全球必须在2050年达到二氧化碳净零排放(又称"碳中和"),即每年二氧化碳排放量等于其通过植树造林、碳捕捉、利用与封存等方式减排的二氧化碳量;在2067年达到温室气体净零排放(又称"温室气体中和或气候中性"),即除二氧化碳外,甲烷等温室气体的排放量与抵消吸收量平衡。目前,全球已有超过120个国家和地区提出了碳中和目标。其中,大部分国家计划在2050年实现,如美国、欧盟国家、英国、加拿大、日本、新西兰、南非等。一些国家计划实现碳中和的时间更早。如乌拉圭提出2030年实现碳中和,芬兰为2035年,冰岛和奥地利为2040年,瑞典为2045年,苏里南和不丹已经分别于2014年和2018年实现了碳中和目标,现进入负排放时代。提出碳中和目标的国家中,大部分是政策宣示,只有少部分国家将碳中和目标写入法律,如法国、英国、瑞典、丹麦、新西兰、匈牙利等。还有部分国家和地区,如欧盟、韩国、智利、斐济等，正在推动碳中和的立法。具体内容见附录三。

全球范围内，在当前绿色低碳发展已形成普遍共识的背景下，几乎所有知名跨国公司都提出了碳中和目标和行动方案，通过加入碳中和这一赛道，与同行进行对标以打造品牌影响力。这些企业涉及各个领域，包括发电行业、工业领域、制造业、服务业等。其中，苹果、微软、埃森哲等互联网、零售、金融等现代服务业碳中和目标年份相对较早，一般在2025－2030年，西门子、拜耳、奔驰汽车等部分制造业行业企业碳中和目标年份在2030－2040年，而莱茵集团、意昂集团、英国石油公司等能源行业企业的碳中和目标一般也不晚于2050年。这些企业将降碳压力逐渐传递至其全球供应链上的每一家企业，我国众多供应商已经被要求参与供应链碳中和行动，比所在地区、园区更早感受到切实的降碳压力。可以说，碳中和正在引领新一轮的全球供应链和价值链重塑。部分承诺碳中和的国际企业及其重点行动见附录四。

▶第二节▶ 主要挑战▶

1.排放总量

我国是世界上最大的温室气体排放国。根据UNEP 2020年12月发布的《2020年排放差距报告》，2019年中国、美国、欧盟、印度、俄罗斯和日本是全球温室气体排放量位列前六的国家（地区），排放量占全球的62%。其中我国2019年温室气体排放为140亿tCO₂当量，占当年全球排放总量的26.7%，超过美国、欧盟与俄罗斯的总和。同时，我国的温室气体排放增速达到了3.1%，远超其他5个温室气体排放国家（地区）（表2-1）。

表2-1　全球6大温室气体排放国（地区）

序号	国家/地区	2019年排放量/亿tCO$_2$当量	增速/%	排放量全球占比/%
1	中国	140	3.1	26.7
2	美国	66	−1.7	12.6
3	欧盟	43	−3.1	8.2
4	印度	37	1.3	7.1
5	俄罗斯	25	0.8	4.8
6	日本	14	−1.6	2.7

我国能源活动产生的二氧化碳排放也是全球最多的。根据国际能源署统计，自2006年起我国能源活动产生的二氧化碳排放量超过美国，成为世界第一碳排放大国；2011年我国碳排放量超过美国与欧洲国家总和，达到86亿t；2019年我国大陆排放量超过98亿t，较2018年增长2.9%。

实现碳达峰目标，要求我国在保持经济稳健发展的同时，控制二氧化碳排放增速，逐渐将增速降低至零，即不再有新增排放。这意味着未来10年，高排放项目的审批将受到越来越严格的管控，各地经济发展必须摆脱以往对资源密集的高排放项目的依赖，转变增长动力，这对我国大多数地区，特别是传统的能源大省以及处于工业化快速发展阶段的地区带来的挑战是巨大的。

实现碳中和目标的挑战更大，我国需要将每年排放的100亿t左右的二氧化碳削减80%甚至90%，如果没有经济结构的根本性、系统性变革，没有突破性技术的实施，不能实现经济发展与碳排放的完全脱钩，是无法完成如此艰巨的减排任务的。

2.能源结构

我国能源禀赋具有"富煤、贫油、少气"的特点，我国煤炭储量占世界总储量的11%，石油约占2.4%，天然气仅占1.2%。随着经济发展，我国能源结构也发生了一定变化，核能和可再生能源实现了从无到有的突破。2019年核能和可再生能源占比达到了2%和5%，直追世界平均水平。尽管如此，我国煤炭的消费比例还是达到了57.7%，较世界平均水平高出30多个百分点（图2-2）。

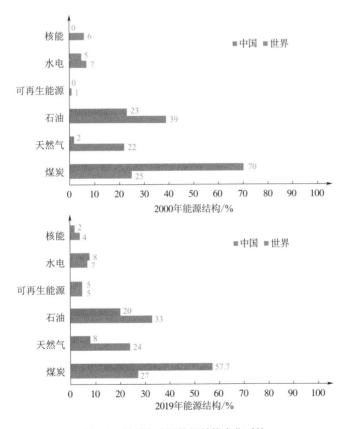

图2-2　世界和中国能源结构变化对比

我国煤电机组的平均服役年限约为12年，显著低于欧美国家煤电平均运行50年的情况，大规模淘汰煤电为时尚早，若短期"一刀切"强制关停将造成资源浪费。

此外，由于新能源发电具有随机性、波动性和不稳定性，其"大装机、小电量"的特点十分突出。随着新能源的大规模开发和高比例并网，系统电力电量平衡、安全稳定控制等将面临前所未有的挑战。因此，为保障新能源发展，推动能源结构转型，还需要加快构建以新能源为主体的新型电力系统。

能源结构的转型必须是循序渐进的，无论是大规模淘汰煤电还是构建新型电力系统都不是一朝一夕之事。我国以煤为主的能源结构在短期很难有根本性改变，这也是实现碳达峰、碳中和目标的重要挑战之一。

3.发展差距

我国"十四五"规划和2035年愿景目标纲要指出，我国经济已转向高质量发展阶段，制度优势显著，治理效能提升，经济长期向好，物质基础雄厚，人力资源丰富，市场空间广阔，发展韧性强劲，社会大局稳定，继续发展具有多方面优势和条件。

改革开放以来，我国经济高速发展。2015－2019年，我国的GDP总量由11.06万亿美元增长到了14.36万亿美元。在产业结构上，第三产业已经成为我国的主要产业，2019年占比达到了53.90%。我国稳健的经济发展也意味着人民生活水平的提高，人均GDP也由8 066.94美元增长至10 261.68美元。

但是，我国的经济规模相比美国和欧盟仍有差距，2019年我国GDP总量与美国差距仍超过7万亿美元、与欧盟的差距超过1万亿美元。在产业结构上，我国第二产业占比远超欧美，产业结构仍然偏重。除此之外，我国人均GDP仍不到美国的1/6、欧盟的1/3，发展不平衡、不充分的问题依然存在，人民生活水平需要进一步提高（图2-3）。

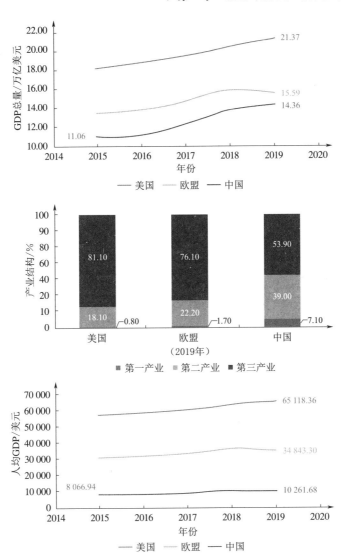

图2-3 我国经济总量、产业结构、人均GDP与美国、欧盟对比

实现碳达峰、碳中和目标所面临的一个重要问题就是如何在降碳的同时保证经济健康稳健发展，加快解决不平衡、不充分问题。尽管高质量发展与双碳战略两者能够互相促进、互为抓手，但从短期来看，经济发展、产业转型叠加降低碳排放、实现碳达峰的要求将给地方政府带来双重压力，各地在实际操作中必须提高统筹全局的能力和低碳管理的水平，才能实现经济发展与碳达峰目标的双向促进、同步推进。

4.过渡时间

我国从碳达峰到碳中和的过渡期远远少于发达国家。到目前为止大部分发达国家已经实现碳达峰，如欧盟大部分国家已于2000年前实现碳达峰，美国、加拿大、澳大利亚也于2010前达到碳排放峰值。欧美国家大多将2050年设定为碳中和目标年，也就意味着这些发达国家从碳达峰到碳中和之间普遍有40～50年的过渡期。

相比之下，我国仍处于工业化和城镇化快速发展阶段，具有高碳的能源结构和产业结构，发展惯性大、路径依赖强，要用不到10年的时间实现碳达峰，再用30年左右的时间实现碳中和，即要快速控制碳排放总量不再增加，并在碳排放达峰后就要快速下降，从2030年开始年减排率平均将达8%～10%，几乎没有缓冲期。这意味着我国能源消费和经济转型、温室气体减排的速度和力度，要比发达国家快得多、大得多，只有付出艰苦卓绝的努力才能如期实现碳达峰、碳中和目标。

▶第三节▶主要机遇▶

1.推动高质量发展

习近平总书记在党的十九大报告中指出，"我国经济已由高速增长阶段转向高质量发展阶段"。高质量发展是一个包容性很强的概念，其内涵包括却不限于经济发展的高质量、改革开放的高质量、城乡建设的高质量、生态环境的高质量和人民生活的高质量。

2015年，我国的GDP增速6.9%，自1990年以来首次跌破"7"。自此之后，我国GDP增速呈逐渐下降趋势，"十二五"以前的超高速增长状态不复存在，如图2-4所示。

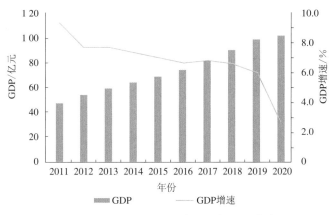

图2-4 我国2011－2020年GDP与GDP增速

同时，近10年来我国劳动年龄人口持续下降，劳动力成本上升，人口红利逐渐消失，依靠劳动力密集型产业推动经济增长，或以低劳动力成本吸纳国外制造业企业设厂带动就业的发展模式难以为继，如图2-5所示。

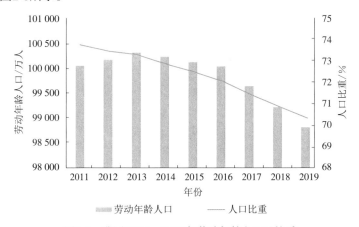

图2-5 我国2011－2019年劳动年龄人口及比重

在此背景下，我国必须由过去的高速度发展转向高质量发展。新时代中国社会的主要矛盾已经转化为"人民日益增长的美好生活需要和不平衡不充分的发展之间的矛盾"。要解决我国社会的主要矛盾，大力推动高质量发展是唯一途径。而碳达峰、碳中和目标的提出，为我国高质量发展提供了重要方向和思路。碳达峰、碳中和目标与我国下一阶段经济社会的发展方向具有极强的内生关联，可以互为抓手和推动性力量，促进国家和地方发展方式的转变，实现更高质量、更有效率、更可持续、更为安全的发展。

2.保障能源安全

我国过去几十年的经济高速发展得益于传统化石能源持续不断的供应，供给安全是能源安全问题的核心。我国2019年石油对外依存度已超过72%，天然气对外依存度达到43%，如图2-6、图2-7所示。目前这一比例仍有上升的趋势。伴随全球经济发展，油气的竞争也日益激烈，能源安全在经济发展中的战略地位日益提升，尤其是逆全球化趋势之下，能源国际贸易将面临更多不确定因素，能源供给的对外高度依赖将对国家安全造成隐患。

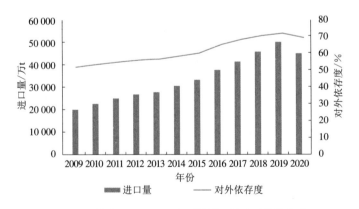

图2-6　我国2009－2020年石油进口量及对外依存度

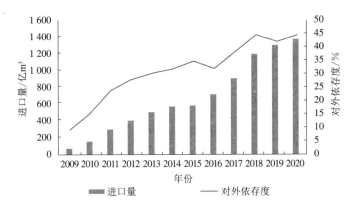

图2-7　我国2009－2020年天然气进口量及对外依存度

未来生产力和竞争力取决于能源。碳达峰、碳中和战略大力支持可再生能源与清洁能源的应用，逐渐替代传统化石能源，这将从根本上转变经济发展动力体系，推动我国的能源安全战略从渠道端向源头端延伸，减少化石能源使用，降低对传统能源的外部依赖，从而在根本上提升能源安全，增强经济发展的确定性与稳定性。

3.加速技术创新

碳达峰、碳中和的宏伟目标既依赖于技术创新，又会反过来促进技术创新。低碳技术的研发和广泛应用是达成碳达峰、碳中和目标的关键。技术是经济竞争力的体现，同样的道理，低碳技术是低碳经济核心竞争力的体现。要实现能源供应格局的彻底改变，以及能源、工业、交通等领域的长期深度脱碳都需要突破性技术支撑；此外，数字化、智能化、高速化等新发展浪潮也将加速低碳发展的步伐。

"十四五"期间以及此后更长时间里，我国的投资会逐步转向低碳、零碳领域。据预测，2020－2050年，需要100万亿元以上投资来支撑能源体系转型；工业、建筑、交通等能源终端需求部门改造投资需求也超过30万亿元。这些大体量的资金将带动覆盖减碳、零碳、负碳方向的各领域技术发展，以及商业化应用落地。

此外，我国提出大力发展包括5G、特高压输电线路、高铁、电动汽车充电站、大数据中心、人工智能相关基础设施和工业物联网等在内的"新基建"，这些领域的发展将为低碳发展奠定坚实的数字化基础，据预测，2020-2050年，仅5G和物联网领域的基础设施投资规模将达到11万亿元。

4.促进国际合作

如前所述，《巴黎协定》提出后已有多个国家提出了2050年（或更早）实现碳中和的目标，比如《欧洲绿色协议》提出2050年实现碳中和，使经济增长向更加可持续方向转型。虽然美国在2016年有过"退群"行为，但拜登上任之后也已经重返《巴黎协定》，并提出了"在2050年之前实现100%的清洁能源经济和碳中和"的目标。

可以看出，应对气候变化，碳中和已成为国际统一的话语体系，是国际合作尤其是中欧合作最好的切入点。应对气候变化早已成为全球共识，各国在大目标、大方向上存在一致性，没有根本分歧，具备国际合作基础。我国主动提出碳达峰、碳中和目标，有助于开展与欧美等发达国家和其他发展中国家之间的合作，也有助于获得世界各国的认同，并在一定程度上减轻来自发达国家所施加的减排压力，还将有助于我国在应对气候变化国际谈判中占据主动地位，更好地发挥引领作用，提升我国"构建人类命运共同体"的国际影响力。

碳达峰碳中和的政策与行动

自我国提出"2030年前碳达峰，2060年前碳中和"目标以来，国家各部委、地方政府、行业协会和企业积极响应，纷纷以实际行动落实碳达峰、碳中和战略部署。党中央、国务院、国家相关部委陆续出台政策文件，指导各领域工作开展；地方政府结合本地低碳发展实际情况，针对性提出本地区碳达峰目标与重点举措；一些高排放行业的协会与企业，特别是大型央企，纷纷提出碳达峰、碳中和目标，以及配套的实现路径。本章重点梳理了我国碳达峰、碳中和目标提出后国家及各部委发布的政策文件、地方政府提出的碳达峰目标与主要行动、几个主要行业协会采取的主要行动，以及以大型能源工业领域央企为主的企业提出的目标与路径，旨在全景展示碳达峰、碳中和战略下各主要参与者的行动响应。

▶第一节▶国家及部委政策▶

1.顶层设计文件

2021年2月22日，国务院印发《关于加快建立健全绿色低碳循环发展经济体系的指导意见》（国发〔2021〕4号），我国首次从全局高度对建立健全绿色低碳循环发展的经济体系做出顶层设计和总体部署，确保实现碳达峰、碳中和目标。该文件涵盖六大体系，包括健全绿色低碳循环发展的生产体系、健全绿色低碳循环发展的流通体系、健全绿色低碳循环发展的消费体系、加快基础设施绿色升级、构建市场导向的绿色技术创新体系和完善法律法规政策体系。通过这些系统性工程，于2035年实现碳排放达峰后稳中有降，生态环境根本好转，基本实现美丽中国建设的目标。

2021年9月22日，在碳达峰、碳中和目标提出一周年之际，中共中央、国务院发布《关于完整准确全面贯彻新发展理念做好碳达峰碳中和工作的意见》(以下简称《指导意见》),提出了构建绿色低碳循环发展经济体系、提升能源利用效率、提高非化石能源消费比重、降低二氧化碳排放水平、提升生态系统碳汇能力5个方面主要目标,以及推进经济社会发展全面绿色转型、深度调整产业结构、加快构建清洁低碳安全高效能源体系等10方面31项重点任务。《指导意见》作为碳达峰、碳中和"1+N"政策体系的"1",覆盖了碳达峰和碳中和两个阶段,是总管长远的顶层设计,发挥统领作用。

2021年10月24日,国务院印发了《2030年前碳达峰行动方案》(国发〔2021〕23号)(以下简称《行动方案》),明确了2030年前的两个五年,即"十四五""十五五"期间的主要目标,提出实施能源绿色低碳转型行动、节能降碳增效行动、工业领域碳达峰行动、城乡建设碳达峰行

动、交通运输绿色低碳行动、循环经济助力降碳行动、绿色低碳科技创新行动、碳汇能力巩固提升行动、绿色低碳全民行动、各地区梯次有序碳达峰行动("碳达峰十大行动"),以及政策保障的四方面举措。《行动方案》是"N"中为首的政策文件,和《指导意见》共同构成顶层设计文件。《行动方案》更加侧重碳达峰阶段的总体部署,在目标、原则、方向等方面与《指导意见》保持有机衔接的同时,更加聚焦2030年前碳达峰目标,相关指标和任务更加细化、实化、具体化。

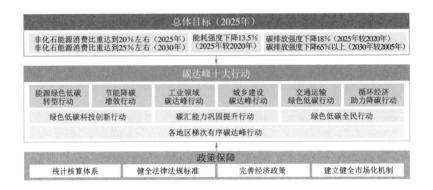

2.能源领域政策

能源领域是实现碳达峰、碳中和目标的主战场,大力发展可再生能源是实现碳达峰、碳中和目标的关键性工作。2021年以来,国家发展改革委、国家能源局、财政部等部委出台了大量政策,包括支持可再生能源发展、推进新型电力系统建设、能耗双控目标等内容,其中出台最多的是支持可再生能源发展方面的政策。2022年2月,国家发展改革委、国家能源局印发了《关于完善能源绿色低碳转型体制机制和政策措施的意见》,其作为碳达峰、碳中和"1+N"政策体系中能源领域的综合性政策文件,进一步给出了能源领域具体的保障措施。2022年5月,国务院办公厅转发了国家发展改革委、国家能源局发布的

《关于促进新时代新能源高质量发展的实施方案》，充分体现了国家对于新能源发展的重视，该方案从创新开发利用模式、构建新型电力系统、深化"放管服"改革等七个方面对促进新能源高质量发展进行了部署。能源领域支撑碳达峰、碳中和的主要政策见表3-1。

表3-1 能源领域支撑碳达峰碳中和的相关政策

发布日期	文件名	发文部委	发文字号
2021年1月27日	关于因地制宜做好可再生能源供暖工作的通知	国家能源局	国能发新能〔2021〕3号
2021年3月5日	关于推进电力源网荷储一体化和多能互补发展的指导意见	国家发展改革委 国家能源局	发改能源规〔2021〕280号
2021年3月12日	关于引导加大金融支持力度 促进风电和光伏发电等行业健康有序发展的通知	国家发展改革委 财政部 中国人民银行 银保监会 国家能源局	发改运行〔2021〕266号
2021年6月20日	关于报送整县(市、区)屋顶分布式光伏开发试点方案的通知	国家能源局	国能综通新能〔2021〕84号
2021年7月23日	关于加快推动新型储能发展的指导意见	国家发展改革委 国家能源局	发改能源规〔2021〕1051号
2021年9月16日	关于印发《完善能源消费强度和总量双控制度方案》的通知	国家发展改革委	发改环资〔2021〕1310号
2021年9月17日	抽水蓄能中长期发展规划（2021−2035年）	国家能源局	
2021年9月24日	关于印发《新型储能项目管理规范（暂行）》的通知	国家能源局	国能发科技规〔2021〕47号

发布日期	文件名	发文部委	发文字号
2021年10月15日	关于积极推动新能源发电项目能并尽并、多发满发有关工作的通知	国家能源局	
2022年1月30日	关于完善能源绿色低碳转型体制机制和政策措施的意见	国家发展改革委 国家能源局	发改能源〔2022〕206号
2022年3月21日	关于印发《"十四五"新型储能发展实施方案》的通知	国家发展改革委 国家能源局	发改能源〔2022〕209号
2022年3月22日	关于印发《"十四五"现代能源体系规划》的通知	国家发展改革委 国家能源局	发改能源〔2022〕210号
2022年3月23日	《氢能产业发展中长期规划（2021-2035年）》	国家发展改革委	
2022年4月2日	关于印发《"十四五"能源领域科技创新规划》的通知	国家能源局 科学技术部	国能发科技〔2021〕58号
2022年5月30日	关于促进新时代新能源高质量发展实施方案的通知	国务院办公厅	国办函〔2022〕39号
2022年6月1日	关于印发"十四五"可再生能源发展规划的通知	国家发展改革委 国家能源局 财政部 自然资源部 生态环境部 住房城乡建设部 农业农村部 中国气象局 国家林业和草原局	发改能源〔2021〕1445号

3.工业领域政策

工业是能耗及碳排放量最大的能源消费领域，节能增效是实现碳达峰、碳中和目标的重要行动之一。自2021年以来，国家重点围绕重点行业高质量发展、节能增效、产能置换、综合利用等方面出台了大量政策。2021年，工信部印发了《"十四五"工业绿色发展规划》；2022年，工信部等部门先后印发了《加快推动工业资源综合利用实施方案》、《工业能效提升行动计划》等，从不同的角度推动工业绿色高质量发展，助力碳达峰碳中和目标实现。此外，钢铁、石化、新基建等行业高质量发展的指导意见或实施方案也相继印发，对重点行业的绿色低碳发展提供了更有针对性的指导。2022年8月，工信部等三部委联合印发了《工业领域碳达峰实施方案》，作为碳达峰碳中和"1+N"政策体系中工业领域的综合性政策文件，明确了工业领域二氧化碳排放在2030年前达峰的目标，提出六方面重点任务，以及钢铁、建材、石化化工、有色金属等重点行业的达峰行动。工业领域支撑碳达峰、碳中和的主要政策见表3-2。

表3-2 工业领域支撑碳达峰、碳中和的相关政策

发布日期	文件名	发文部委	发文字号
2021年1月15日	关于印发《变压器能效提升计划（2021－2023年）》的通知	工业和信息化部办公厅 市场监管总局办公厅 国家能源局综合司	工信厅联节〔2020〕69号
2021年4月17日	关于印发钢铁行业产能置换实施办法的通知	工业和信息化部	工信部原〔2021〕46号
2021年5月26日	关于印发汽车产品生产者责任延伸试点实施方案的通知	工业和信息化部 科技部 财政部 商务部	工信部联节函〔2021〕129号

续表

发布日期	文件名	发文部委	发文字号
2021年7月20日	关于印发水泥玻璃行业产能置换实施办法的通知	工业和信息化部	工信部原〔2021〕80号
2021年9月3日	关于加强产融合作推动工业绿色发展的指导意见	工业和信息化部 中国人民银行 银保监会 证监会	工信部联财〔2021〕159号
2021年10月21日	关于严格能效约束推动重点领域节能降碳的若干意见	国家发展改革委 工业和信息化部 生态环境部 市场监管总局 国家能源局	发改产业〔2021〕1464号
2021年11月15日	关于发布《高耗能行业重点领域能效标杆水平和基准水平（2021年版）》的通知	国家发展改革委 工业和信息化部 生态环境部 市场监管总局 国家能源局	发改产业〔2021〕1609号
2021年11月15日	关于印发《"十四五"工业绿色发展规划》的通知	工业和信息化部	工信部规〔2021〕178号
2021年11月22日	关于印发《电机能效提升计划（2021－2023年）》的通知	工业和信息化部办公厅 市场监督管理总局办公厅	工信厅联节〔2021〕45号
2021年12月8日	关于印发《贯彻落实碳达峰碳中和目标要求推动数据中心和5G等新型基础设施绿色高质量发展实施方案》的通知	国家发展改革委 中央网信办 工业和信息化部 国家能源局	发改高技〔2021〕1742号

发布日期	文件名	发文部委	发文字号
2022年1月27日	八部门关于印发加快推动工业资源综合利用实施方案的通知	工业和信息化部 国家发展和改革委 科学技术部 财政部 自然资源部 生态环境部 商务部 国家税务总局	工信部联节〔2022〕9号
2022年2月7日	关于促进钢铁工业高质量发展的指导意见	工业和信息化部 国家发展改革委 生态环境部	工信部联原〔2022〕6号
2022年4月7日	关于"十四五"推动石化化工行业高质量发展的指导意见	工业和信息化部 发展改革委 科技部 生态环境部 应急部 能源局	工信部联原〔2022〕34号
2022年6月29日	关于印发工业能效提升行动计划的通知	工业和信息化部 国家发展改革委 财政部 生态环境部 国务院国资委 市场监管总局	工信部联节〔2022〕76号
2022年8月1日	三部委关于印发工业领域碳达峰实施方案的通知	工业和信息化部 国家发展改革委 生态环境部	工信部联节〔2022〕88号

4.城乡建设领域政策

城乡建设是能源消费侧的重点排放领域，特别是在城镇化率高的后工业城市中,建筑碳排放占比显著提高。自2020年底以来,国家重点围绕区域低碳建设、绿色建筑、建筑节能等方面出台了相关政策。2022年6月,住房和城乡建设部印发了《城乡建设领域碳达峰实施方案》,明确了2030年前城乡建设领域碳排放达到峰值,力争到2060年前城乡建设方式全面实现绿色低碳转型、系统性变革全面实现等两个阶段主要目标,并提出了建设绿色低碳城市、打造绿色低碳县城和乡村两个方面12项任务,为控制城乡建设领域碳排放增长、做好碳达峰工作提供了重要指导。城乡建设领域支撑碳达峰碳中和的主要政策见表3-3。

表3-3 城乡建设领域支撑碳达峰、碳中和的相关政策

发布日期	文件名	发文部委	发文字号
2021年1月8日	关于印发绿色建筑标识管理办法的通知	住房和城乡建设部	建标规〔2021〕1号
2021年1月29日	关于印发《国家高新区绿色发展专项行动实施方案》的通知	科技部	国科发火〔2021〕28号
2021年3月16日	关于印发《绿色建造技术导则(试行)》的通知	住房和城乡建设部	建办质〔2021〕9号
2021年5月25日	关于加强县城绿色低碳建设的意见	住房城乡建设部、科技部、工业和信息化部等15部门	建村〔2021〕45号
2021年6月4日	关于印发"十四五"公共机构节约能源资源工作规划的通知	国家机关事务管理局 国家发展改革委	国管节能〔2021〕195号

发布日期	文件名	发文部委	发文字号
2021年9月8日	关于发布国家标准《建筑节能与可再生能源利用通用规范》的公告	住房和城乡建设部	住房和城乡建设部公告2021年第173号
2021年10月21日	关于推动城乡建设绿色发展的意见	中共中央办公厅 国务院办公厅	
2021年11月19日	关于印发《深入开展公共机构绿色低碳引领行动促进碳达峰实施方案》的通知	国家机关事务管理局 国家发展改革委 财政部 生态环境部	
2022年3月11日	关于印发《"十四五"建筑节能与绿色建筑发展规划》的通知	住房和城乡建设部	建标〔2022〕24号
2022年3月14日	六部门关于开展2022年绿色建材下乡活动的通知	工业和信息化部办公厅 住房和城乡建设部办公厅 农业农村部办公厅 商务部办公厅 国家市场监督管理总局办公厅 国家乡村振兴局综合司	工信厅联原〔2022〕7号
2022年6月30日	关于印发《农业农村减排固碳实施方案》的通知	农业农村部 国家发展改革委	农科教发〔2022〕2号
2022年6月30日	关于印发城乡建设领域碳达峰实施方案的通知	住房和城乡建设部 国家发展改革委	建标〔2022〕53号

5.交通领域政策

交通领域也是能源消费侧的重点排放领域，和城乡建设领域一样，也是在后工业城市，特别是在北京、上海等超大城市中其碳排放占比显著提高。2020年底以来，新能源汽车、绿色出行等相关政策相继出台。2022年6月，交通运输部等部门发布了贯彻落实《中共中央 国务院关于完整准确全面贯彻新发展理念做好碳达峰碳中和工作的意见》的实施意见，明确了交通运输行业推动绿色低碳转型的总体要求和主要任务。交通领域支撑碳达峰碳中和的主要政策见表3-4。

表3-4 交通领域支撑碳达峰、碳中和的相关政策

发布日期	文件名	发文部委	发文字号
2020年11月2日	关于印发《新能源汽车产业发展规划（2021—2035年）》的通知	国务院办公厅	国办发〔2020〕39号
2020年12月31日	关于进一步完善新能源汽车推广应用财政补贴政策的通知	财政部 工业和信息化部 科技部 国家发展改革委	财建〔2020〕593号
2021年2月8日	关于2020年度乘用车企业平均燃料消耗量和新能源汽车积分管理有关事项的通知	工业和信息化部	工信部通装函〔2021〕37号
2021年11月1日	关于印发《绿色出行创建行动考核评价标准》的通知	交通运输部 国家发展改革委	交运函〔2020〕490号

发布日期	文件名	发文部委	发文字号
2021年12月21日	关于印发《"十四五"民航绿色发展专项规划》的通知	民航局	民航发〔2021〕54号
2022年1月21日	关于印发《绿色交通"十四五"发展规划》的通知	交通运输部	交规划发〔2021〕104号
2022年5月31日	四部门关于开展2022新能源汽车下乡活动的通知	工业和信息化部办公厅 农业农村部办公厅 商务部办公厅 国家能源局综合司	工信厅联通装函〔2022〕107号
2022年6月24日	贯彻落实《中共中央 国务院关于完整准确全面贯彻新发展理念做好碳达峰碳中和工作的意见》的实施意见	交通运输部 国家铁路局 中国民用航空局 国家邮政局	交规划发〔2022〕56号

6.财政金融政策

财政金融政策是落实双碳战略的重要政策工具，通过财政和金融手段能够有效引导并撬动社会资本流向低碳发展相关领域，鼓励企业开展推动碳达峰、碳中和目标实现的相关工作。2022年5月，财政部印发了《财政支持做好碳达峰碳中和工作的意见》，提出了2025年、2030年、2060年的主要目标，明确了支持的六大重点方向和领域，并给出了五方面财政政策措施。目前已出台的支持碳达峰碳中和的主要财政金融政策见表3-5。

表3-5 支持碳达峰、碳中和的财政金融相关政策

发布日期	文件名	发文部委	发文字号
2020年10月21日	关于促进应对气候变化投融资的指导意见	生态环境部 国家发展改革委 中国人民银行 银保监会 证监会	环气候〔2020〕57号
2021年4月2日	关于印发《绿色债券支持项目目录（2021年版）》的通知	中国人民银行 国家发展改革委 证监会	银发〔2021〕96号
2021年5月27日	关于印发《银行业金融机构绿色金融评价方案》的通知	中国人民银行	
2021年7月19日	对外投资合作绿色发展工作指引	商务部 生态环境部	商合函〔2021〕309号
2021年12月21日	关于开展气候投融资试点工作的通知	生态环境部办公厅 发展改革委办公厅 工业和信息化部办公厅 住房城乡建设部办公厅 人民银行办公厅 国资委办公厅 国管局办公室 银保监会办公厅 证监会办公厅	环办气候〔2021〕27号

发布日期	文件名	发文部委	发文字号
2022年5月30日	关于印发《财政支持做好碳达峰碳中和工作的意见》的通知	财政部	财资环〔2022〕53号
2022年6月1日	支持绿色发展税费优惠政策指引	国家税务总局	
2022年6月2日	关于印发银行业保险业绿色金融指引的通知	中国银保监会	银保监发〔2022〕15号

此外，中国人民银行在2021年11月8日宣布，推出碳减排支持工具，向金融机构提供低成本资金，通过"先贷后借"的直达机制，对金融机构向碳减排重点领域内相关企业发放的符合条件的碳减排贷款，按贷款本金的60%提供资金支持，利率为1.75%。同时，中国人民银行要求金融机构公开披露发放碳减排贷款的情况以及贷款带动的碳减排数量等信息，由第三方专业机构对这些信息进行核实验证。这一政策将促进金融机构更有意愿为碳减排项目提供贷款，同时也为实施碳减排项目的企业提供了更低成本的资金来源。

7.碳市场相关政策

碳排放权交易市场是一种市场型政策，是实现资源有效配置、以更低成本实现降碳目标的有效工具。在一系列政策的支持和推动下，全国碳排放权交易市场已于2021年7月16日开市。未来，相关政策将进一步完善，目前已出台的碳市场管理相关政策文件见表3-6。

表3-6　碳市场管理相关政策

发布日期	文件名	发文部委	发文字号
2020年12月31日	碳排放权交易管理办法（试行）	生态环境部	生态环境部令第19号
2021年3月29日	关于印发《企业温室气体排放报告核查指南（试行）》的通知	生态环境部	环办气候函〔2021〕130号
2021年3月29日	关于加强企业温室气体排放报告管理相关工作的通知	生态环境部	环办气候〔2021〕9号
2021年3月30日	关于公开征求《碳排放权交易管理暂行条例（草案修改稿）》意见的通知	生态环境部	环办便函〔2021〕117号
2021年5月17日	关于发布《碳排放权登记管理规则（试行）》《碳排放权交易管理规则（试行）》和《碳排放权结算管理规则（试行）》的公告	生态环境部	生态环境部公告　2021年第21号
2021年10月23日	关于做好全国碳排放权交易市场数据质量监督管理相关工作的通知	生态环境部	环办气候函〔2021〕491号
2021年10月26日	关于做好全国碳排放权交易市场第一个履约周期碳排放配额清缴工作的通知	生态环境部	环办气候函〔2021〕492号

发布日期	文件名	发文部委	发文字号
2022年2月17日	关于做好全国碳市场第一个履约周期后续相关工作的通知	生态环境部	环办便函〔2022〕58号
2022年3月15日	关于做好2022年企业温室气体排放报告管理相关重点工作的通知	生态环境部	环办气候函〔2022〕111号

8.其它相关政策

除了重点行业或领域的政策，国家发改委等部门还印发了《"十四五"循环经济发展规划》《促进绿色消费实施方案》等，循环经济、绿色消费也是碳达峰碳中和的重要组成部分。2021年11月，国资委印发了《关于推进中央企业高质量发展做好碳达峰碳中和工作的指导意见》，这是指导中央企业落实碳达峰碳中和工作的综合性文件，旨在推动既是国民经济重要命脉、又是碳排放重点单位的中央企业，在推进国家碳达峰、碳中和中发挥示范引领作用。2022年3月，全国工商联也印发了《关于引导服务民营企业做好碳达峰碳中和工作的意见》。此外，教育部先后印发了《高等学校碳中和科技创新行动计划》和《加强碳达峰碳中和高等教育人才培养体系建设工作方案》，明确了教育、科研、人才培养等领域推动碳达峰碳中和目标的总体要求和主要任务。上述提到的政策见表3-7。

表3-7 其它领域相关政策

发布日期	文件名	发文部委	发文字号
2021年7月7日	关于印发"十四五"循环经济发展规划的通知	国家发展改革委	发改环资〔2021〕969号
2021年7月15日	关于印发《高等学校碳中和科技创新行动计划》的通知	教育部	教科信函〔2021〕30号
2021年12月30日	关于推进中央企业高质量发展做好碳达峰碳中和工作的指导意见	国务院国有资产监督管理委员会	国资发科创〔2021〕93号
2022年1月21日	关于印发《促进绿色消费实施方案》的通知	国家发展改革委 工业和信息化部 住房和城乡建设部 商务部 市场监管总局 国管局 中直管理局	发改就业〔2022〕107号
2022年2月6日	关于印发《全国工商联关于引导服务民营企业做好碳达峰碳中和工作的意见》的通知	中国全国工商业联合会	全联发〔2022〕4号
2022年5月7日	关于印发《加强碳达峰碳中和高等教育人才培养体系建设工作方案》的通知	教育部	教高函〔2022〕3号

▶第二节▶地方政府行动▶

1.出台实施意见

在国家碳达峰碳中和"1+N"政策体系的指导下，根据公开信息，截至2022年7月，至少有10个省或自治区出台了《关于完整准确全面贯彻新发展理念认真做好碳达峰碳中和工作的实施意见》，即本省碳达峰碳中和"1+N"政策体系的"1"，是统领本省碳达峰、碳中和工作的顶层设计文件，明确了主要目标、重点任务和保障措施。除了省级政府，杭州、石家庄等地市政府也出台了统领本市碳达峰、碳中和工作的实施意见。上述省（自治区）、市实施意见中的2030年前主要目标总结见表3-8。

表3-8　提出实施意见的省（自治区）、市2030年前主要目标总结

省（自治区）、市	实施意见出台日期	碳排放总量目标		碳排放强度目标		非化石能源消费目标	
		2025年	2030年	2025年	2030年	2025年	2030年
吉林省	2021年11月30日		达到峰值并实现稳中有降	完成国家下达任务	下降65%（较2005年）	15.5%	20%
河北省	2021年12月30日		确保2030年前碳达峰	完成国家下达指标	大幅下降	13%	19%
宁夏回族自治区	2022年1月10日		顺利实现达峰	下降16%（较2020年）	大幅下降	15%	20%
江苏省	2022年1月15日	排放增量得到有效控制	达到峰值并实现稳中有降	完成国家下达目标	持续下降	完成国家下达目标	消费比重持续提升
浙江省	2022年2月16日	部分领域和行业率先达峰	达到峰值后稳中有降	完成国家下达目标	下降65%（较2005年）	15.5%	30%

省(自治区)、市	实施意见出台日期	碳排放总量目标		碳排放强度目标		非化石能源消费目标	
		2025年	2030年	2025年	2030年	2025年	2030年
湖南省	2022年3月13日		达到峰值并实现稳中有降	完成国家下达目标	完成国家下达目标	22%	25%
四川省	2022年3月14日		达到峰值并实现稳中有降				
江西省	2022年4月6日		达到峰值并实现稳中有降	完成国家下达目标	完成国家下达目标	18.3%	消费比重稳步提高
内蒙古自治区	2022年4月27日		达到峰值	完成国家下达目标	完成国家下达目标	18%	25%
上海市	2022年7月28日		实现碳达峰	完成国家下达指标	下降70%(较2005年)	20%	25%
杭州市	2022年3月24日		高质量实现碳达峰	完成省下达目标	下降75%(较2005年)	24%	30%
石家庄市	2022年7月6日		实现碳达峰	完成省下达指标	下降70%(较2005年)	20%	25%

2.出台多种形式政策

部分省、市、地区虽然没有提出统领性的实施意见,但出台了多种形式的政策、计划、方案。例如天津市第十七届人民代表大会常务委员会第二十九次会议通过了《天津市碳达峰碳中和促进条例》,以立法的形式强化了碳达峰碳中和工作的落实;上海市结合自身优势与特色,编制并印发了《上海加快打造国际绿色金融枢纽服务碳达峰碳中和目标的实施意见》；北京市从推动碳达峰碳中和落实的重要抓手入手，制定并印发了《北京市"十四五"时期低碳试点工作方案》。此外，在地区层面，成渝地区、合肥高新区发布了碳达峰碳中和的行动方案或实施方案。部分省、市、地区的碳达峰碳中和相关政策见表3-9。

表3-9 部分省、市、地区碳达峰碳中和相关政策

省、市、地区	发布政策文件	发布日期	发布机构
天津市	天津市碳达峰碳中和促进条例	2021年9月27日	天津市人民代表大会常务委员会
上海市	上海加速打造国际绿色金融枢纽服务碳达峰碳中和目标的实施意见	2021年10月11日	上海市人民政府办公厅
浙江省	浙江省碳达峰碳中和科技创新行动方案	2021年6月8日	浙江省委科技强省建设领导小组
江苏省	碳达峰碳中和科技创新专项资金管理办法（暂行）	2022年6月24日	江苏省财政厅
黑龙江省	关于2021-2023年度推动碳达峰、碳中和工作滚动实施方案	2021年10月27日	黑龙江省生态环境厅
北京市	北京市"十四五"时期低碳试点工作方案	2022年6月29日	北京市生态环境局
合肥市	合肥高新区推进碳达峰碳中和的实施方案 合肥高新区支持绿色低碳发展的若干政策	2021年6月1日	合肥市高新技术产业开发区
重庆市/成都市	成渝地区双城经济圈碳达峰碳中和联合行动方案	2022年2月15日	重庆市人民政府办公厅 四川省人民政府办公厅

3.提出目标和措施

除了上述省、市、地区在近一到两年出台的顶层设计文件、具体行动计划或某个领域的政策文件，超过20个省（市、自治区）在地方国民经济和社会发展第十四个五年规划和二〇三五年远景目标纲要中也提出了碳达峰碳中和相关目标以及具体的工作举措，具体内容不做赘述。

▶第三节▶行业协会行动▶

1.中国石化联合会

2021年1月15日，在中国石油和化学工业联合会主办的《石油和化学工业"十四五"发展指南》发布会上，中国石化联合会和17家企业及园区共同发出《中国石油和化学工业碳达峰与碳中和宣言》。该宣言从推进能源结构清洁低碳化、大力提高能效、提升高端石化产品供给水平、加快部署二氧化碳捕集利用、加大科技研发力度、大幅增加绿色低碳投资强度6方面提出倡议并做出承诺，号召全行业共同行动起来，助力我国稳步实现碳达峰、碳中和目标任务。

2.中国钢铁工业协会

2021年2月10日，中国钢铁工业协会发布了《钢铁担当，开启低碳新征程——推进钢铁行业低碳行动倡议书》，主要措施包括优化工艺路径，调整产业结构，提高各类资源的循环利用率，减少吨钢碳排放强度；发展清洁能源，优化能源结构，积极利用清洁能源，促进能源结构清洁低碳化；提升系统能效，降低化石能源消耗，推广节能管理和节能技术应用，加强能耗监管，降低单位工业增加值能源消耗；立足科技进步，创新低碳技术，加大科技研发投入，积极推动氢冶金等低碳冶金技术的突破，加强碳捕集、利用及封存等低碳技术的创新研发应用；打造低碳产品，共建绿色生态圈，开发优质、高强度、长寿命、可循环的钢铁产品，加快钢铁生态圈建设，实现全产业链的紧密协作；强化碳管控水平，积极参与碳交易，配合做好碳市场建设基础性工作，以更加充分的准备迎接碳交易的实施。

3.中国建筑材料联合会

2021年1月16日，中国建筑材料联合会向全行业发出了《推进建筑材料行业碳达峰、碳中和行动倡议书》，提出我国建筑材料行业要在2025年前全面实现碳达峰，水泥等行业要在2023年前率先实现碳达峰。主要措施包括调整优化产业产品结构，推动建筑材料行业绿色低碳转型发展；加大清洁能源使用比例，促进能源结构清洁低碳化；加强低碳技术研发，推进建筑材料行业低碳技术的推广应用；提升能源利用效率，加强全过程节能管理；推进有条件的地区和产业率先达峰；做好建筑材料行业进入碳市场的准备工作。研究制定推进建筑材料行业碳减排三年行动方案，并协助政府部门研究编制行业碳减排路线图。

4.中国水泥协会

2021年1月22日，中国水泥协会召开了水泥行业碳达峰行动方案和路线图视频座谈会，与会人员就水泥行业碳达峰行动方案和路线图，制定水泥行业实现碳达峰、推进碳中和措施进行了深入研究和探讨。中国水泥协会将牵头组织水泥企业、各地水泥行业协会和专业机构制定中国水泥行业碳达峰路线图、参与编制中国水泥行业碳交易指南、探索并筹建水泥行业碳基金等，并围绕这3项工作组织召开研讨会。会议倡议大企业集团在充分研究论证的基础上做碳减排宣言，充分发挥引领带头作用。中国水泥协会将和各大企业集团、行业专家、地方行业协会在工信部、生态环境部等指导下，把碳减排工作做好、做深、做出成绩。同时，中国水泥协会将就碳减排工作加强与国际的交流合作，从多方位协助行业做好相关工作。

▶第四节▶企业行动▶

1.能源电力企业

电力行业是我国最大的碳排放部门，约占我国碳排放总量的40%，电力行业尽早脱碳对于我国碳中和目标的实现有着十分重大的影响。一方面，发电行业自身排放量很大；另一方面，很多工业部门、终端制造业部门也有赖于使用清洁电力实现脱碳。在我国提出碳达峰、碳中和目标后，发电行业备受关注，以国家电投为首的国内几大主要发电集团相继提出了支撑碳达峰、碳中和目标实现的行动举措，为其他行业做出了积极表率。

总体目标方面，国家电投提出2023年实现碳排放达峰，中国华电、大唐集团、华润电力提出2025年实现碳排放达峰，三峡集团提出2023年实现碳达峰、2040年实现碳中和的目标，华能集团提出2025年碳排放强度较"十三五"下降20%。此外，大唐集团、中国能建分别发布了《中国大唐集团有限公司碳达峰碳中和行动纲要》和《践行碳达峰、碳中和"30·60"战略目标行动方案（白皮书）》。

清洁能源相关目标方面，国家电投提出2025年清洁能源装机容量占比提升到60%，2035年提升到75%；华能集团提出2025年新增新能源装机容量8 000万kW以上，清洁能源装机容量占比超过50%，2035年清洁能源装机容量占比75%以上；国家能源集团提出"十四五"时期可再生能源新增装机容量达到7 000万~8 000万kW；大唐集团提出到

2025年非化石能源装机容量超过50%。

具体措施方面，几大发电企业围绕碳达峰、碳中和的要求提出了"十四五"期间或2021年的主要举措，内容主要包括加大清洁能源开发力度、提高可再生能源占比，这也是电力企业未来转型的主要方向；还包括投入碳达峰、碳中和研究，积极参与全国碳市场，加强碳资产管理等。提出的主要措施见表3-10。

此外，中国华电、国家电投、华能集团、国家能源集团、三峡集团等成功发行"碳中和"绿色债，这是全面加快绿色低碳转型，积极响应碳达峰、碳中和要求的重要举措，将有助于拓宽绿色项目融资渠道，吸引更加广泛的投资人，降低企业融资成本，推动绿色项目可持续发展。

表3-10　部分发电企业提出的碳达峰碳中和主要措施

发电企业	碳达峰碳中和主要措施
中国华电	努力争取2025年实现碳达峰。坚持以高质量发展为主题，让绿色成为公司发展的鲜明底色。发展风光电，推动形成建设一批、优选一批、储备一批的发展格局；推进水电发展，努力打造精品工程；制定碳达峰行动方案，采取有力措施降低碳排放强度
国家电力投资集团	2023年将实现在国内的碳达峰。国家电投将从风、光、水、火、核发电类型最齐全的传统发电央企，转型成为国内清洁能源装机第一位的绿色智慧能源企业，2025年清洁能源装机容量占比提升到60%，2035年清洁能源装机容量占比提升到75%
大唐集团	到2025年实现碳达峰。以"绿色低碳、多能互补、高效协同、数字智慧的世界一流能源供应商"为发展愿景，实现"两个转型"——从传统电力企业向绿色低碳能源企业转型，到2025年非化石能源装机容量占比超过50%，提前5年实现碳达峰；从传统电力企业向国有资本投资公司转型，建立中国特色的现代国有企业制度

发电企业	碳达峰碳中和主要措施
华能集团	明确提出加快建设世界一流现代化清洁能源企业的战略目标,并制定了"两步走"战略安排:到2025年,进入世界一流能源企业行列,发电装机达到3亿kW,新增新能源装机8 000万kW以上,确保清洁能源装机容量占比超过50%,碳排放强度较"十三五"下降20%;到2035年,进入世界一流能源企业前列,清洁能源装机容量占比75%以上,为实现碳达峰、碳中和做出贡献
国家能源集团	大力推进集团清洁能源规模化、化石能源清洁化、能源产业智能化发展,加快企业低碳转型,实现碳达峰目标和碳中和愿景,"十四五"时期可再生能源新增装机容量达到7 000万~8 000万kW
三峡集团	力争于2023年率先实现碳达峰,2040年实现碳中和。奋力实现清洁能源与长江生态环保"两翼齐飞",全力打造沿江最大清洁能源走廊、沿江最大绿色生态走廊、沿海最大海上风电走廊、"一带一路"国际清洁能源走廊"四大走廊"

2.电网企业

电网企业作为高效快捷的能源输送通道和优化配置平台,是能源电力可持续发展的关键环节,作为连接发电侧与用电侧的桥梁和纽带,能够并应发挥向上倒逼能源供给侧清洁化、向下推动能源消费侧节能增效与电气化的作用,可以说,电网企业是碳达峰、碳中和实现进程中的重要一环。

2021年3月1日,国家电网公司发布了《碳达峰碳中和行动方案》,提出将"充分发挥'大国重器'和'顶梁柱'作用""当好'引领者''推动者''先行者'",建设安全高效、绿色智能、互联互通、共享互济的坚强智能电网,加快电网向能源互联网升级。具体包括6方面行动:一是要推动电网向能源互联网升级,着力打造清洁能源优化配置平台;二是推动网源协调发展和调度交易机制优化,着力做好清洁能源并网消纳；三是推动全社会节能提效，着力提高终端消费电气化水平；四是推动公司节能减排加快实施，着力降低自身碳排放水平；五是推动能源电力技术创新，着力提升运行安全和效率水平；六是推动深化国际交流合作，着力集聚能源绿色转型最大合力。

2021年3月18日，南方电网公司在广州召开服务碳达峰、碳中和重点举措新闻发布会，对外发布服务碳达峰、碳中和工作方案，从5个方面提出21项措施，将大力推动供给侧能源清洁替代，以"新电气化"为抓手推动能源消费方式变革，全面建设现代化电网，带动产业链、价值链上下游加快构建清洁低碳安全高效的能源体系。到2025年，将推动南方五省（区）新能源新增装机容量1亿kW，达到1.5亿kW。到2030年，推动南方五省（区）新能源再新增装机容量1亿kW，达到2.5亿kW；非化石能源装机占比由2020年的56%提升至65%，发电量占比从2020年的53%提升至61%。

3.钢铁企业

中国是世界最大的钢铁生产和消费国，粗钢、原铝产量均超过全球一半。钢铁行业是我国经济社会发展的重要支柱，也是耗能和碳排放密集型行业，仅钢铁行业碳排放就占我国碳排放总量的15%左右，是制造业31个门类中碳排放量最大行业。我国碳达峰碳中和目标的实现离不开钢铁行业的转型升级和高质量发展。

中国宝武钢铁集团有限公司是国内第一家发布碳达峰和碳中和目标的钢铁企业，2021年1月20宝武集团提出碳减排目标，即2021年发布低碳冶金路线图，2023年力争实现碳达峰，2025年具备减碳30%工艺技术能力，2035年力争减碳30%，2050年力争实现碳中和。宝武集团将把降碳作为源头治理的"牛鼻子"，优化能源结构、加大节能环保技术投入。不断提高天然气等清洁能源比例，加大太阳能、风能、生物质能等可再生能源利用，布局氢能产业，推进能源结构清洁低碳化；不断提高炉窑热效率、深挖余能回收潜力，提升能源转换和利用效率，大幅降低能源消耗强度，严控能源消耗总量。

2021年5月27日，鞍山钢铁集团有限公司发布《鞍钢集团碳达峰碳中和宣言》，提出鞍钢集团的减碳目标，即2021年底发布低碳冶金路线图；2025年前实现碳排放总量达峰；2030年实现前沿低碳冶金技术产业化突破，深度降碳工艺大规模推广应用，力争2035年碳排放总量较峰值降低30%；持续发展低碳冶金技术，成为我国钢铁行业首批实现碳中和的大型钢铁企业。宣言中还初步提到鞍钢集团碳达峰碳中和的实现路径：一是推进兼并重组，淘汰落后产能，优化产业布局及工艺流程，节能减排、减污降碳；二是致力产品全生命周期理念，推动绿色生产、低碳生活，制造更优材料，降低社会资源消耗；三是坚持科技创新引领，加快研发应用低碳冶金技术和前沿碳捕获、利用与封存技术；四是布局新能源产业，调整能源结构，提高氢能、太阳能、风能等绿色能源应用比例，降低化石能源消耗。

4.石化企业

石化行业产业链长、工艺流程复杂、产品众多，也是典型的高耗能、高排放行业之一，其中碳排放量超过2.6万吨的企业数量达2000余家。石化行业企业若能通过节能改造、技术创新等手段实现碳排放持续稳步降低，将为我国实现碳达峰碳中和目标做出重要的贡献。

2021年，中国石油天然气集团有限公司确定了"清洁替代、战略接替、绿色转型"三步走总体部署。2022年6月5日，中石油发布《中国石油绿色低碳发展行动计划3.0》，推动中国石油从油气供应商向综合能源服务商转型，力争2025年左右实现"碳达峰"，2050年左右实现"近零"排放。中石油将绿色低碳发展行动分为三个阶段，2021－2025年为清洁替代阶段，计划2025年新能源产能比重达到7%；2026－2035年为战略接替阶段，计划2035年实现新能源新业务与油气业务三分天下；2036－2050年为绿色转型期，计划2050年热电氢能源占比50%左右。在具体行动部署方面，中石油计划实施绿色企业建设引领者行动、清洁低环能源贡献者行动、碳循环经济先行者行动。其中，绿色企业建设引领者行动包含节能降碳工程、甲烷减排工程、生态建设工程以及绿色文化工程；清洁低碳能源贡献者行动包含"天然气+"清洁能源发展工程、"氢能+"零碳燃料升级工程以及综合能源供给体系重构工程；循环经济先行者行动则包含深度电气化改造工程、CCUS产业链建设工程以及零碳生产运营再造工程。

2021年以来，中国石油化工集团有限公司制定实施绿色洁净发展战略，组织开展了碳达峰碳中和发展战略研究，制定印发《中国石化碳达峰碳中和行动指导意见》，明确时间表、路线图、施工图，部署传统业务低碳转型升级、加大绿色能源供给能力等13方面重点任务。下一步，中石化将统筹推进企业转型升级与安全平稳减碳，通过构建清洁低碳能源供给体系、优化调整产业结构和能源结构、推动绿色低碳技术攻关突破、参与应对气候变化标准制定等工作，持续推进化石能源洁净化、洁净能源规模化、生产过程低碳化，助力实现碳达峰碳中和目标。

2022年6月29日，中国海洋石油集团有限公司正式发布《"碳达峰、碳中和"行动方案》，标志着公司全面开启绿色转型。该行动方案称，力争2028年实现碳达峰，2050年实现碳中和，非化石能源产量占比超过传统油气产量占比，为此将实施"三步走"策略。2021－2030年为清洁替代阶段，总体特征是碳排放达峰、碳强度下降，产业结构调整取得重大进展，负碳技术获得突破。2031－2040年为低碳跨越阶段，总体特征是油气产业实现转型、新能源快速发展，碳排放总量有序下降，负碳技术实现商业化应用。2041－2050年为绿色发展阶段，总体特征是推进碳排放总量持续下降并实现净零排放，基本构建多元化低碳能源供给体系、智慧高效能源服务体系以及规模化发展的碳封存和碳循环利用体系。中海油提出稳油增气保障行动、能效综合提升行动、能源清洁替代行动、产业转型升级行动、绿色发展跨越行动、科技创新引领行动"六大行动"，布局保障国家油气安全、加强能源综合利用等23项重点工程。

5.其他企业

碳达峰、碳中和影响深远而广泛，对各行各业的企业都会产生直接或间接的影响，同样地，各行各业的企业也都有机会和切入点参与到国家和地方实现碳达峰、碳中和目标的进程当中。

对于新能源行业，碳达峰、碳中和将为其带来长达几十年的巨大发展机遇。近期，新能源行业企业纷纷响应并实施相关行动。例如，隆基集团提出最晚2028年，将在全球范围内生产及运营所需电力100%使用可再生能源，通威集团则宣布全面启动碳中和规划并计划于2023年前实现碳中和目标。

对于汽车行业，其减碳行动是最直接和最直观的，碳达峰、碳中和将为燃油车生产厂商带来约束，但同时也将为汽车企业提供新赛道和弯道超车的机会。不少车企纷纷做出战略部署，努力抓住新一轮发展机遇。例如，比亚迪启动了碳中和规划研究，探索新能源汽车行业碳足迹标准，争当可持续发展先锋；长城汽车发布了2025年战略目标，将绿色碳中和作为四大战略方向之一，并宣布于2045年全面实现碳中和。

对于科技与互联网企业，碳达峰、碳中和将可能带来新的应用场景和服务机会，如何让数字化手段以及人工智能等前沿科技在碳达峰、碳中和的实践过程中发挥更大的作用，也将是摆在科技企业和互联网企业面前的一项极具意义和价值的重要课题。例如，腾讯集团表示作为科技企业，要更为关注企业运营对气候、水等自然环境的影响，并提出随着中国宣布碳达峰、碳中和目标，集团要加快推进碳中和规划，加大探索以人工智能为代表的前沿科技在应对地球重大挑战上的潜力，大步推进科技在产业节能减排方面的应用。

上述企业提出的主要措施见表3-11。

表3-11 其他行业部分企业提出的碳达峰碳中和主要措施

其他企业	碳达峰碳中和主要措施
隆基集团	2021年1月8日，隆基集团在西安召开供应商大会，发布《绿色供应链减碳倡议书》，提出最晚2028年将在全球范围内生产及运营所需电力100%使用可再生能源
通威集团	通威集团宣布全面启动碳中和规划，推动公司绿色低碳发展，并计划于2023年前实现碳中和目标。根据公司规划，将借助通威新能源产业优势，通过大力发展"渔光一体"光伏电站所发清洁电力实现碳减排，并最终实现碳中和目标
比亚迪	启动企业碳中和规划研究，探索新能源汽车行业碳足迹标准，倡导绿色低碳生产生活方式，组织社会公益及环保活动，在绿色采购、绿色生产、绿色运营等方面强化碳减排行动，同时通过绿色技术、产品和解决方案，实现企业节能减排
长城汽车	长城汽车在发布的2025战略目标中，将绿色碳中和作为四大战略方向之一，提出加速企业低碳智能升级，领跑新能源、智能化新赛道，并于2045年全面实现碳中和。同时提出，到2025年，实现全球年销量400万辆，其中80%为新能源汽车
腾讯集团	宣布启动碳中和规划，用科技助力实现零碳排放，加大探索以人工智能为代表的前沿科技在应对地球重大挑战上的潜力，大步推进科技在产业节能减排方面的应用，并在财报中提出在办公大楼及数据中心的运营中探索可再生能源的解决方案

我国低碳发展工作基础回顾

自"十二五"以来，我国逐渐重视应对气候变化工作。中央多次发布相关政策，指导地方政府开展应对气候变化各项工作，这些都为下阶段实现碳达峰、碳中和目标奠定了良好基础。本章系统梳理、总结了碳达峰、碳中和目标提出之前国家和地方应对气候变化相关政策与行动，包括我国在"十二五""十三五"期间发布的相关政策，作为国家开展应对气候变化工作重要抓手的碳排放权交易市场机制建设和低碳试点示范，以及作为重要基础支撑的温室气体统计核算工作开展情况，以期展现我国下阶段推动碳达峰、碳中和的坚实基础。

▶第一节▶国家宏观政策▶

1."十二五"期间

2011年3月，《中华人民共和国国民经济和社会发展第十二个五年规划纲要》正式发布，其中专门设置"积极应对全球气候变化"一章（第二十一章），提出坚持减缓和适应气候变化并重，充分发挥技术进步的作用，完善体制机制和政策体系，提高应对气候变化能力，具体包括控制温室气体排放、增强适应气候变化能力、广泛开展国际合作三节内容。

2011年12月，为实现到2015年全国单位国内生产总值二氧化碳排放比2010年下降17%的目标，大力开展节能降耗，优化能源结构，努力增加碳汇，加快形成以低碳为特征的产业体系和生活方式，国务院印发了《"十二五"控制温室气体排放工作方案》（国发〔2011〕41号），明确"十二五"时期各地区单位国内生产总值二氧化碳排放下降指标，并提出综合运用多种控制措施、开展低碳发展试验试点、加快建立温室气体排放统计核算体系、探索建立碳排放交易市场、大力推动全社会低碳行动等工作安排。

2012年8月，为确保实现"十二五"节能减排约束性目标，缓解资源环境约束，应对全球气候变化，促进经济发展方式转变，建设资源节约型、环境友好型社会，增强可持续发展能力，根据《中华人民共和国国民经济和社会发展第十二个五年规划纲要》，国务院印发了《节能减排"十二五"规划》(国发〔2012〕40号)，明确了"十二五"时期的主要节能指标和减排指标，并提出了调整优化产业结构、推动能效水平提高、强化主要污染物减排等重点任务和10类节能减排重点工程。

2012年11月，中国共产党第十八次全国代表大会要求把生态文明建设放在突出地位，融入经济建设、政治建设、文化建设、社会建设各方面和全过程，并提出着力推进绿色发展、循环发展、低碳发展。

2013年11月，为积极应对全球气候变化，统筹开展全国适应气候变化工作，国家发展改革委、财政部、住房和城乡建设部、交通运输部、水利部、农业部、林业局、气象局、海洋局联合制定了《国家适应气候变化战略》。

2014年9月，根据全面建成小康社会目标任务，国家发展改革委会同有关部门，组织编制了《国家应对气候变化规划（2014－2020年）》，提出了我国应对气候变化工作的指导思想、目标要求、政策导向、重点任务及保障措施，将减缓和适应气候变化要求融入经济社会发展各方面和全过程，加快构建中国特色的绿色低碳发展模式。

2."十三五"期间

2016年3月，《中华人民共和国国民经济和社会发展第十三个五年规划纲要》正式发布，其中专门设置"积极应对全球气候变化"一章（第四十六章），提出坚持减缓与适应并重，主动控制碳排放，落实减排承诺，增强适应气候变化能力，深度参与全球气候治理，为应对全球气候变化做出贡献，具体包括有效控制温室气体排放、主动适应气候变化、广泛开展国际合作三节内容。

2016年10月，为加快推进绿色低碳发展，确保完成"十三五"规划纲要确定的低碳发展目标任务，推动我国二氧化碳排放2030年左右达到峰值并争取尽早达峰，国务院印发了《"十三五"控制温室气体排放工作方案》，提出低碳引领能源革命、打造低碳产业体系、推动城镇化低碳发展、加快区域低碳发展、建设和运行全国碳排放权交易市场、加强低碳科技创新、强化基础能力支撑、广泛开展国际合作等方面重点任务；同年12月，印发了《"十三五"节能减排综合工作方案》（国发〔2016〕74号），明确了"十三五"时期各地区能耗总量和强度"双控"目标、主要行业和部门节能指标、各地区主要污染物总量控制计划，并将各项工作责任落实到具体部委。

2017年6月，国家发展改革委下发了《关于开展2016年度能源消耗总量和强度"双控"及控制温室气体排放目标责任评价考核的通知》，明确了省级人民政府能源消耗总量和强度"双控"及控制温室气体排放目标责任评价考核的有关事项，考核结果作为对各地区领导班子和领导干部综合考核评价的重要依据。

2017年10月，中国共产党第十九次全国代表大会将建设生态文明定义为中华民族永续发展的千年大计，会议要求必须树立和践行"绿水青山就是金山银山"的理念，坚持节约资源和保护环境的基本国策，像对待生命一样对待生态环境，统筹山水林田湖草系统治理，实行最严格的生态环境保护制度，形成绿色发展方式和生活方式，坚定走生产发展、生活富裕、生态良好的文明发展道路，建设美丽中国，为人民创造良好生产生活环境，为全球生态安全做出贡献。本次大会把生态文明建设提升到前所未有的战略高度，并将"建立健全绿色低碳循环发展的经济体系""构建清洁低碳、安全高效的能源体系""倡导简约适度、绿色低碳的生活方式"纳入生态文明建设的范畴。

▶第二节▶市场机制建设▶

1.清洁发展机制

清洁发展机制（CDM）是国内碳市场发展的起点，为国内碳交易机制的发展奠定了基础。CDM的基本运作是以项目为基础，买方是发达国家，卖方是发展中国家，碳减排要经过监测和核准，最后确定项目总排放量。

中国作为全球最大的CDM供应国（约占全球CDM总供应量的60%），为其他国家完成《京都议定书》第一承诺期减排目标做出了重要贡献。由于减排规模大、减排成本低、CDM项目质量较高等特点，我国的CDM项目一度深受国际买家青睐。但2013年后，由于国际CDM需求和国际政治环境发生较大变化，特别是《京都议定书》履约期的持续性问题，中国CDM项目开发和签发数量基本上处于停滞状态（图4-1）。

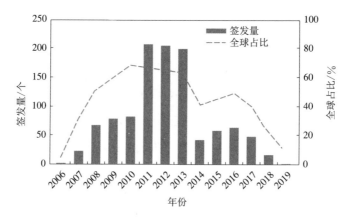

图4-1　我国CDM签发量及全球占比

CDM项目的开发显著提高了国内应对气候变化的意识和能力，为中国减排项目开发提供了宝贵的经验，也为中国碳市场培养了第一批技术性人才。以CDM项目收入为基础成立的中国清洁发展机制基金，对中国国内碳市场的发展起到了支持作用。同时，CDM的制度架构及其相关技术文件，为中国国内碳市场的制度设计提供了参考模板。在2012年CDM逐渐失去了其作为中国降碳驱动力的主导地位后，中国通过CDM累积的应对气候变化能力转而在相当短的时间内，为中国国内碳市场的设计和运行做出了巨大贡献。

2.碳交易试点

（1）基本概况

2011年10月，国家发展改革委下发《关于开展碳排放权交易试点工作的通知》，批准在北京、天津、上海、重庆、湖北、广东和深圳开展碳排放权交易试点工作。经过2~3年的建设，2013年6月至2014年4月各试点陆续开市交易。截至2020年年底，7个试点地区累计配额成交量约为4.3亿tCO$_2$当量，累计成交额近100亿元，企业履约率普遍维持在较高水平，基本形成了要素完善、特点突出、初具规模的地方碳市场。

试点工作启动以来，"两省五市"高度重视碳交易体系建设，根据自身的产业结构、排放特征、减排目标等情况，组织相关部门开展了各项基础工作，包括制定地方法律法规，确定总量控制目标和覆盖范围，建立温室气体排放测量、报告和核查（MRV）制度，分配碳排放配额，建立交易系统和规则，开发注册登记系统，设立专门管理机构，建立市场监管体系以及进行人员培训和能力建设。

各试点省（区、市）碳交易政策法规见表4-1。

表4-1 各试点省市碳交易政策法规

地区	政策法规	性质
北京	市人大决定（2013年12月）	地方法规
	碳交易管理办法（2014年5月）	政府规章
天津	碳交易管理办法（2013年12月）	部门文件
上海	碳交易管理办法（2013年11月）	政府规章
重庆	市人大决定草案（2014年4月）	地方法规
	碳交易管理办法（2014年5月）	政府规章
广东	碳交易管理办法（2014年1月）	政府规章
湖北	碳交易管理办法（2014年4月）	政府规章
深圳	市人大规定（2012年10月）	地方法规
	碳交易管理办法（2014年3月）	政府规章

碳交易试点基本情况汇总见表4-2。

表4-2 碳交易试点基本情况汇总

试点	启动时间	配额总量	纳入行业	纳入标准	配额分配	履约处罚
北京	2013.11.28	约0.5亿t	电力、热力、水泥、石化、其他工业和服务业、交通	二氧化碳排放量达到5 000 t以上	历史法和基准线法初始配额免费分配	未按规定报送碳排放报告或核查报告可处5万元以下罚款。未足额清缴部分按市场款均价3~5倍罚款
天津	2013.12.26	1.7亿t（2014年度）	电力、热力、钢铁、化工、石化、油气开采、建材、造纸、航空	二氧化碳排放量达到1万t以上	历史法和基准线法初始配额免费分配	对交易主体、机构、第三方核查机构等违规限期改正。违约企业限期改正，3年不享受优惠政策
上海	2013.11.26	1.58亿t（2019年度）	工业行业：电力、钢铁、石化、化工、有色、建材、纺织、造纸、橡胶和化纤；非工业行业：航空、机场、港口、商业、宾馆、商务办公建筑和铁路站点	工业：二氧化碳排放量达到2万t以上；非工业：二氧化碳排放量达到1万t及以上；水运：二氧化碳排放量达到10万t以上	历史法和基准线法初始配额免费分配	对违约企业罚款5万~10万元，记入信用记录，向工商、税务、金融等部门通报
重庆	2014.6.19	0.97亿t（2018年度）	发电、化工、热电联产、水泥、自备电厂、电解铝、平板玻璃、钢铁、冷热电三联产、民航、造纸、铝冶炼、其他有色金属冶炼及延压加工	温室气体排放量达到2.6万tCO₂当量以上（含）	政府总量控制与企业竞争博弈相结合，初始配额免费分配	未按照规定报送碳排放报告或拒绝接受核查处2万~5万元罚款，第三方核查机构虚假核查处3万~5万元罚款；违约配额清缴届满前一个月配额平均价格3倍处罚

续表

试点	启动时间	配额总量	纳入行业	纳入标准	配额分配	履约处罚
广东	2013.12.19	4.65亿t（2019年度）	电力、水泥、钢铁、石化、陶瓷、纺织、有色、化工、造纸、民航	年排放2万t二氧化碳或年综合能源消费1万t标准煤	历史法和基准线法，初始配额免费分配+有偿分配。电力企业的免费配额比例为95%，钢铁、石化、水泥、造纸企业的免费配额比例为97%，航空企业的免费配额比例为100%	不提交碳排放报告罚款1万~3万元、不接受核查罚款1万~3万元；对违约企业在下一年度配额中扣除未足额清缴部分2倍配额，罚款5万元
湖北	2014.4.2	2.7亿t（2019年度）	电力、钢铁、水泥、化工、石化、造纸、热力及热电联产、玻璃及其他建材、纺织业、汽车制造、设备制造、食品饮料、陶瓷制造、医药、有色金属和其他金属制品	综合能耗1万t标准煤以上的工业企业	历史法、基准线法，初始配额免费分配	未监测和提交碳排放报告罚款1万~3万元；扰乱交易秩序罚款15万元；对违约企业差额部分处以市场均价1~3倍但不超过15万元罚款，在下一年双倍扣除违约配额
深圳	2013.6.18	0.3亿t	工业（电力、水务、制造业等）和建筑	工业：二氧化碳排放量达到3 000 t以上	竞争博弈（工业）与总量控制相（建筑）结合，初始配额免费分配	交易主体、机构、第三方核查机构违规处5万~10万元罚款；对违约企业在下一年度配额清缴部分，按市场扣除未足额清缴部分，均价3倍罚款

（2）实施效果

截至2020年12月31日，试点碳市场配额现货累计成交4.45亿t，成交额104.31亿元。广东、湖北累计成交量最高，深圳、上海、北京居中，天津、重庆累计成交量相对较低[1]（图4-2、图4-3）。

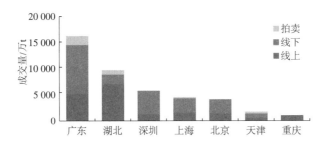

图4-2　试点碳市场累计成交量（截至2020年12月31日）

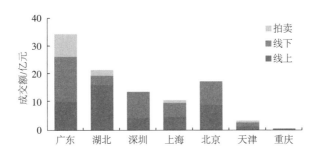

图4-3　试点碳市场累计成交额（截至2020年12月31日）

试点碳市场普遍经历了前期碳价走低、后期价格回调的过程。起初控排企业对碳市场政策情况不熟悉、对自身配额盈缺情况了解不充分，保守开展配额交易，碳价普遍保持在开盘价格（政府指导价格）附近。2015－2016年，市场制度不完善、配额分配整体盈余等因素导致碳

1　数据来源：各试点碳市场交易所官方网站。

价探底，上海碳价下跌至5元/t，广东、湖北碳价下跌至10元/t以下。随着碳市场制度逐步完善，企业对碳市场控排形成长期预期，配额分配方法趋于细化，配额总量整体适度从紧，碳价随之回调。目前，试点碳价变化逐步趋稳，呈现自然波动状态，表明我国碳交易市场均衡机制已经形成，市场成熟度不断提高（图4-4）。

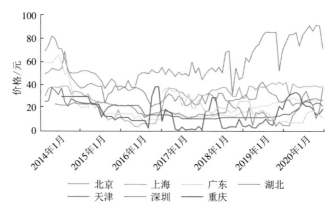

图4-4 试点碳市场配额价格走势

2012年国家发展改革委发布《温室气体自愿减排交易管理暂行办法》和《温室气体自愿减排项目审定与核证指南》，基本确立中国自愿减排项目的申报、审定、备案、核证、签发等工作流程。此后，我国温室气体自愿减排交易体系不断完善，碳排放权交易试点工作有效推动，为全国碳排放权交易市场在制度建设、技术储备和人才培养方面奠定基础。CCER入市丰富了碳市场交易品种，降低了重点排放单位履约成本，提升了碳市场活跃度与运行效率，也为控排企业、投资机构等参与方提供了更广阔的空间。

2017年3月，国家发展改革委发布公告暂停CCER项目和减排量备案申请。至此CCER累计审定项目2 856个，备案项目1 047个，获得减排量备案项目287个。获得减排量备案的项目中挂网公示254个，合计备案减排量5 294万tCO$_2$当量。从减排项目类型看，风电、光伏、农村户用沼气、水电等项目占比较大，详细情况如图4-5所示[1]。

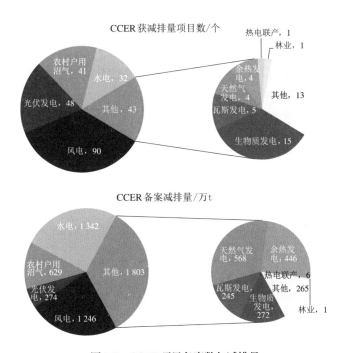

图4-5　CCER项目备案数与减排量

截至2020年12月31日，全国CCER累计成交2.68亿t。其中上海CCER累计成交量最高，超过1亿t，占比为41%；广东排名第二，占比20%；北京、深圳、四川、福建和天津的CCER累计成交量为1 000万～3000万t，占比为4%～10%；湖北市场交易不足1 000万t，重庆市场暂无成交量（图4-6）。

1　数据来源：中国自愿减排交易信息平台。

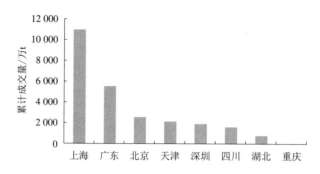

图4-6 试点碳市场CCER累计成交情况（截至2020年12月31日）

碳市场试点开展以来，试点地区减排成效初显，碳市场试点范围内的碳排放总量和强度保持双降趋势。北京市2020年纳入碳市场企业碳强度比2015年下降23%以上，超额完成"十三五"规划目标；上海市2019年电力热力行业、石化化工行业、钢铁行业纳入碳市场企业碳排放量分别下降8.7%、12.6%和14%；深圳市2013—2019年纳入碳市场企业减排绝对总量超过640万t，其中制造业管控企业碳强度下降39%，远超全市制造业碳强度平均下降水平；湖北省纳入碳市场企业2015—2017年碳排放较2014年分别下降了3.14%、6.05%、2.59%；广东省碳市场自2013年运行以来，已有超过80%的控排企业实施了节能减碳技术改造项目，超过60%的控排企业实现单位产品碳强度下降，其中，电力、水泥、钢铁、造纸、民航行业单位产品碳排放量分别下降了11.8%、7.1%、12.7%、15.9%、5.4%，广东省实施碳交易使控排行业二氧化碳减排额外提升约10%。

（3）建设意义

经过近10年发展，碳交易试点为全国碳市场建设营造了良好的舆论环境，提升了企业实施碳管理、参与碳交易的理念和行动能力，锻炼培养了人才队伍，逐渐形成并推动碳管理产业，探索符合中国特色的碳交易体系的模式和路径，为全国碳市场设计、建设、运行管理提供了宝贵经验。

碳交易试点工作推动企业建立了碳排放核查体系。各个试点投入力量开发分行业的核算报告指南或地方标准，建立电子报送系统和核查机构管理制度。各试点地区规定对企业的排放报告进行第三方核查。对第三方核查机构及核查员设立准入标准，实行备案和监管，以确保排放数据的真实可靠。2013年起近3 000家企业开展了第三方核查，揭示了企业和行业的排放状况与趋势，为应对气候变化决策、减排政策制定提供了有力的支撑。

碳交易试点工作建立了针对强度控制的配额分配体系。各试点碳市场确定配额总量的时候均综合考虑了"十二五"期间碳排放强度下降和能耗下降目标，将强度目标转化为行业碳排放量控制目标，部分试点还进一步考虑优先发展行业和淘汰落后产业的安排、国家及本省产业政策与行业发展规划、产业结构改变对碳排放的影响等行业和产业因素，采用"自上而下"和"自下而上"相结合的方法来最终确定配额总量。

碳交易试点工作建立了以自愿减排交易为主的抵消机制。试点地区在碳交易体系设计中均引入抵消机制，即允许企业购买项目级减排信用来抵扣其排放量。但作为配额市场的补充，如果抵消信用过量供给，将严重冲击配额市场价格，因此各地从项目所在地、项目类型、签发时间、抵消信用使用比例等方面对抵消机制的使用进行了严格限制。

碳交易试点工作培养了专业人员和服务市场。通过参与试点体系的建设和运行，市场参与主体（包括主管部门、重点排放单位、第三方核查机构、交易所和交易机构等）的意识和能力得到了极大提高，同时培养了一批了解碳市场相关政策、掌握碳市场交易规则、熟悉企业碳资产管理工作的专业性人才。这些机构和专业人员在全国碳交易体系的建设中将发挥积极的作用，并能够帮助非试点地区进行能力建设。

3.全国碳市场

2017年12月，《全国碳排放权交易市场建设方案（发电行业）》印发，标志着全国碳市场建设正式启动。根据该方案安排，中国分3个阶段稳步推进碳市场建设工作，包括一年左右的基础建设期、一年左右的模拟运行期以及深化完善期。2018年4月，国务院碳交易主管部门及其主要支撑机构由国家发展改革委转隶至生态环境部，这是实现温室气体排放控制和大气污染治理统筹、协同、增效的重要举措，为加快全国碳市场建设提供了有效的机制保障。

碳排放权交易市场作为政策创造的市场，需要强有力的法律政策支撑主管部门执行碳市场各项管理工作。根据全国碳市场规划，国务院需要发布《碳排放权交易管理暂行条例》作为碳市场最重要的法律依据，核心是由国务院赋予生态环境部足够的权力，突破一般部门规章几万元的惩罚力度，对未履约企业执行数倍于市场价格的处罚。但条例的出台所需时间较长，为指导全国碳市场前期建设，国家发展改革委在制定《碳排放权交易管理暂行条例（征求意见稿）》并推进国务院立法的同时，于2014年12月10日以发改委部门规章的形式颁布了《全国碳排放权交易管理办法》。生态环境部门结合应对气候变化工作新形势，在2019年3月公布了《碳排放权交易管理暂行条例（征求意见稿）》（以下简称《条例》），《条例》作为基础支撑制度，在核查、配额分配、交易等方面做了原则性规定，在履约处罚方面，明确了对拒不履约企业的惩罚力度，提出按照该年度市场均价计算的碳排放配额价值2倍以上5倍以下罚款。该条例正式出台后，在有效推动企业履约、保障市场机制方面发挥了重要作用。

各重点排放单位的供电量、供热量、碳排放量等相关数据是向重点排放单位分配配额的数据基础。2013年起主管部门分批公布了包括发电、电网在内的24个行业企业温室气体排放核算方法与报告指南（试行），并组织开展了重点排放单位碳排放数据报告核查工作。经过2013－2015年、2016－2017年以及2018年三次数据报送核查工作后，重点排放单位碳排放监测核算/报告/核查（MRV）工作进入"一年一查"的状态。

2019年，作为碳排放权交易支撑基础设施的全国碳排放权注册登记系统和交易系统启动了设计建设工作。两系统分别由湖北和上海牵头负责，其中湖北省获批牵头承建全国碳交易注册登记系统，上海市牵头承担全国碳交易系统建设。2020年4月，全国碳排放权交易系统项目建设成果专家评审会在上海联合产权交易所召开。会上，上海联合产权交易所介绍了项目建设情况和总体成果，上海环境能源交易所汇报了系统主要功能并演示；监理单位发表了评估意见。这也意味着全国碳交易系统已完成建设，并基本具备了试运行条件。同年8月，湖北碳排放权交易中心举办了"2020年湖北省电力企业碳交易能力建设培训会"，并首次开展了全国碳排放权注册登记系统的生产环境测试，并邀请17家电力企业参与了系统开户、配额分配和履约等功能测试。

2019年12月，财政部印发《碳排放权交易有关会计处理暂行规定》，相比2016年版征求意见稿，当前会计规定在经济业务分类方面大幅简化，不再考虑配额投资需求，仅涉及配额购买、出售与履约。当前会计规定对账务处理的方式也更加简单，购买的配额量无论增加或减少只涉及"碳排放权资产"一个科目[1]。

1　国家暂未出台碳交易专项税务政策。根据《财政部 国家税务总局关于全面推开营业税改征增值税试点的通知》，一般纳税人销售碳排放的配额属于销售其他权益性无形资产，税率为6%。

▶第三节▶低碳试点示范▶

1.低碳城市试点

(1) 基本概况

2010年7月,国家发展改革委下发了《关于开展低碳省区和低碳城市试点工作的通知》(发改气候〔2010〕1587号),积极探索我国工业化城镇化快速发展阶段既发展经济、改善民生又应对气候变化、降低碳强度、推进绿色发展的做法和经验,正式启动了国家低碳省区和低碳城市试点工作,确定在广东、辽宁、湖北、陕西、云南5省和天津、重庆、深圳、厦门、杭州、南昌、贵阳、保定8市开展探索性实践。

2012年11月,为落实党的十八大关于大力推进生态文明建设、着力推动绿色低碳发展的总体要求和"十二五"规划纲要关于开展低碳试点的任务部署,加快经济发展方式转变和经济结构调整,确保实现我国2020年控制温室气体排放行动目标,国家发展改革委下发了《关于开展第二批低碳省区和低碳城市试点工作的通知》,在北京、上海、海南等29个省市开展第二批低碳省区和城市试点工作。

2017年1月,按照"十三五"规划纲要、《国家应对气候变化规划(2014—2020年)》和《"十三五"控制温室气体排放工作方案》要求,为了扩大国家低碳城市试点范围,鼓励更多的城市探索和总结低碳发展经验,国家发展改革委下发了《关于开展第三批国家低碳城市试点工作的通知》(发改气候〔2017〕66号),确定在内蒙古自治区乌海市等45个城市(区、县)开展第三批低碳城市试点工作。

此外,《国家应对气候变化规划(2014—2020年)》中还提出了开展低碳城(镇)试点,从规划、建设、运营、管理全过程探索产业低碳发展与城市低碳建设相融合的新模式,为全国新型城镇化和低碳发展提供有益经验。其中，广东深圳国际低碳城、山东青岛中德生态园、江苏镇江官塘低碳新城、云南昆明呈贡低碳新区、湖北武汉花山生态新城、江苏无锡中瑞低碳生态城等被作为案例纳入规划。

（2）实施效果

从2010年7月国家发展改革委正式启动国家低碳省区和低碳城市试点工作以来，先后批复了三批共87个低碳试点地区，生态环境部国家应对气候变化战略研究和国际合作中心在2017年对前两批42个试点省市的工作开展情况进行了总结评估，形成了《中国低碳省市试点进展报告》，主要成效总结如下。

● 以低碳发展规划为引领，积极探索低碳发展模式与路径

前两批42个试点省市中，共有33个试点省市编制完成了低碳发展专项规划，有13个试点省市编制完成了应对气候变化专项规划，共有22个省市的32份规划以人民政府或发展改革委的名义公开发布。试点地区通过将低碳发展主要目标纳入国民经济和社会发展五年规划，将低碳发展规划融入地方政府的规划体系。试点地区通过编制低碳发展规划，明确本地区低碳发展的重要目标、重点领域及重大项目，积极探索适合本地区发展阶段、排放特点、资源禀赋以及产业特点的低碳发展模式与路径，充分发挥低碳发展规划的引领作用。

● 以排放峰值目标为导向，研究制定低碳发展制度与政策

前两批42个试点省市中，共有28个试点省市研究提出了实现碳排放峰值的初步目标，其中提出在2020年和2025年左右达峰的各有13个和6个。北京、深圳、广州、武汉、镇江、贵阳、吉林、金昌、延安等城市陆续加入了"中国达峰先锋城市联盟"，向国际社会公开宣示了峰值目标并提出了相应的政策，采取了相关的行动。试点地区通过对碳排放峰值目标及实施路线图研究，不断加深对峰值目标的科学认识和政治

共识，不断强化低碳发展目标的约束力，不断强化低碳发展相关制度与政策创新，加快形成促进低碳发展的倒逼机制。

● 以低碳技术项目为抓手，加快构建低碳发展的产业体系

试点省市大力发展服务业和战略性新兴产业，加快运用低碳技术改造提升传统产业，积极推进工业、能源、建筑、交通等重点领域的低碳发展，并以重大项目为依托，着力构建以低排放为特征的现代产业体系。前两批42个试点省市中，共有29个试点省市设立了低碳发展或节能减排专项资金，为低碳技术研发、低碳项目建设和低碳产业示范提供资金支持。海南省在全国率先提出"低碳制造业"发展目标，把低碳制造业列为全省"十三五"规划的12个重点产业之一，使其成为新常态下经济提质增效的重要动力和新的增长点。"十二五"时期，10个试点省市中有9个地区的单位GDP碳排放下降率高于全国水平，低碳产业体系构建带来的低碳经济转型效果已经显现。

● 以管理平台建设为载体，不断强化低碳发展的支撑体系

前两批所有试点省市均开展了地区温室气体清单编制工作，有10个试点省市建立了重点企业温室气体排放统计核算工作体系，有17个试点省市建设了碳排放数据管理平台，借此能够及时掌握区县、重点行业、重点企业的碳排放状况。前两批42个试点省市中，共有41个试点省市成立了应对气候变化或低碳发展领导小组，其中18个试点省市成立了应对气候变化处（科）或低碳办。共有29个试点省市将碳排放强度下降目标与任务分配到下辖区县，其中22个试点省市还对分解目标进行了评价考核，强化了基层政府目标责任和压力传导。

● 以低碳生活方式为突破，加快形成全社会共同参与格局

试点地区创新性开展了低碳社区试点工作，通过建立社区低碳主题宣传栏、社区低碳驿站，试行碳积分制、碳币、碳信用卡、碳普惠制

等方式，积极创建低碳家庭，探索从碳排放的"末梢神经"抓起，促进形成低碳生活的社会风尚，让人民群众有更多参与感和获得感。前两批42个试点省市中，有14个试点省市开展了低碳产品的标识与认证，推动低碳产品的生产与消费。另有部分试点省市通过成立低碳研究中心、低碳发展专家委员会、低碳发展促进会、低碳协会等机构，加快形成全社会共同参与的良好氛围。

（3）典型案例

各低碳试点城市根据本地区的自然条件、资源禀赋和经济基础等方面实际情况，积极探索适合本地区的低碳发展模式和路径，为国家差异化推进城市碳达峰与碳中和奠定了良好的基础，积累了宝贵经验。

专栏4-1 部分低碳试点地区创建思路与行动
云南省（第一批）：2011年，云南省提出了以建设资源节约型、环境友好型和低碳导向型社会为目标，紧紧围绕低碳发展这条主线，以优化能源结构、提高能源利用效率、降低碳排放强度为核心，以转变生产和生活方式为基础，以技术创新和制度创新为动力，从生产、消费和制度建设三个层面推进低碳发展，努力形成节约资源和保护生态环境的产业结构、增长方式和消费模式，切实抓好低碳发展试点省建设，走出一条具有云南特色的低碳发展路子。随后，出台了《云南省低碳发展规划纲要（2011—2020年）》，提出7项主要任务、10大重点工程，并开展了"云南省碳排放总量控制制度和分解落实机制工作方案""云南'率先达峰省'建设实施方案"等多项研究。
杭州市（第一批）：2009年，杭州市提出打造低碳经济、低碳交通、低碳建筑、低碳生活、低碳环境、低碳社会"六位一体"的低碳示范城市。2014年，出台《杭州市应对气候变化规划（2013—2020年）》，计划兴建一批重点工程，成立应对气候变化中心，建立市场化减碳机制，把节能环保和新能源产业作为下一步发展的重点方向；其中这批重点工程包括235个项目，总投资4 422.34亿元，涵盖节能减碳重点工程、可再生能源发展重点工程、生态保护和碳汇建设工程、低碳技术示范和产业化重点工程、低碳试点示范工程、基础能力提升工程和适应气候变化重点工程7大领域。
武汉市（第二批）：2013年，武汉市出台了《武汉市低碳城市试点工作实施方案》，明确了建设低碳城市的总体思路和目标，初步建立了以强化重点领域节能减

排、促进新能源和可再生能源发展、增加碳汇为目标的低碳发展政策体系。联合高校和科研机构开展了"低碳城市发展规划研究""武汉市碳排放峰值预测及减排路径研究""温室气体排放清单编制""温室气体减排统计、任务指标分解和考核体系研究"等30多个低碳研究课题。2018年，出台《武汉市碳排放达峰行动计划（2017—2022年）》，提出到2022年，全市碳排放量达到峰值，基本建立以低碳排放为特征的产业体系、能源体系、建筑体系、交通体系，基本形成具有示范效应的低碳生产生活"武汉模式"。

镇江市（第二批）： 镇江市以"低碳城市建设管理的平台"为基础，推进城市碳达峰、项目碳评估、区县碳考核、企业碳资产管理"四碳"创新。从2013年起，镇江市每年制订《镇江低碳城市建设工作计划》，全面实施优化空间布局、发展低碳产业、构建低碳生产模式、碳汇建设、低碳建筑、低碳能源、低碳交通、低碳能力建设、构建低碳生活方式九大行动。探索建立多元化生态投入回报机制，为低碳城市建设提供资金保障。建成城市碳排放核算与管理"云平台"，努力实现低碳城市建设的系统化、信息化、智能化管理。与国内外机构和院所广泛开展交流合作，先后与国家应对气候变化战略研究与国际合作中心签订《关于加强低碳发展合作的战略合作协议》，与中国计量科学研究院合作建设低碳计量示范基地，与美国加利福尼亚州政府签订《低碳发展合作战略备忘录》和《低碳发展合作行动计划》等。

大连市（第三批）： 大连市力争通过低碳试点城市创建，实现以低碳排放为特征的现代产业体系和绿色消费模式基本建立，低碳政策体系、体制机制基本完善，温室气体排放统计和管理体系较为健康；打造一批具有典型示范意义的近零碳排放示范区，推广一批具有良好减排效果的低碳技术和产品，建成一批特色鲜明的低碳县区、城镇和园区，控制温室气体排放能力得到全面提升，基本形成东北老工业基地具有示范效应的低碳转型发展大连模式。为实现该目标，大连市提出8个主要任务、20个重点行动、50个重大项目，以及低碳产品标准、标识与认证制度，海洋低碳发展模式，产业结构、能源结构双层优化，储能技术研发、应用一体化创新4项创新工作。

西宁市（第三批）： 西宁市加快建立以低碳为特征的工业、能源、建筑、交通等产业体系和消费模式，促进生态与经济协调发展，实现绿、富、美的有机统一，通过开展低碳试点，全市二氧化碳排放强度得到有效控制，经济发展质量明显提高，综合经济实力显著增强，产业结构和能源结构进一步优化，低碳观念在全社会牢固树立，低碳法规保障体系、政策支撑体系、技术创新体系和激励约束机制初步建立，形成具有西宁特色的低碳发展模式。到2020年，实现碳排放强度大幅降低，温室气体排放得到有效控制，产业结构进一步优化，空气质量持续提升，低碳重点示范工程基本建成。到2025年，基本形成绿色、低碳、循环的发展方式和建设模式。

2.低碳工业园区试点

2013年9月，工业和信息化部、国家发展改革委联合发布《关于组织开展国家低碳工业园区试点工作的通知》（工信部联节〔2013〕408号），正式拉开了创建低碳工业园区的序幕。2014年5月，工业和信息化部、国家发展改革委下发了《关于印发国家低碳工业园区试点名单（第一批）的通知》（工信部联节〔2014〕287号），第一批55家申报园区通过国家低碳工业园区试点评审工作。《国家应对气候变化规划（2014－2020年）》中提出扎实推进低碳园区试点，到2020年建成150家左右低碳产业示范园区，制定低碳产业园区试点评价指标体系和建设规范。 2016年1月，工业和信息化部、国家发展改革委下发了《关于同意国家低碳工业园区试点（第二批）实施方案的批复》（工信部联节函〔2015〕603号），12家申报园区通过国家低碳工业园区试点评审工作。

专栏4-2 部分低碳工业园区创建思路与行动[1]

天津经济技术开发区： 通过产业集聚促进低碳发展，在汽车等支柱产业不断优化升级的基础上，战略性新兴产业的发展为园区的绿色低碳转型创造新途径，各类交易市场的建立促使产融结合创新的活力持续增强。促进传统特色产业低碳化发展，坚持从源头防止高耗能、高碳化项目入园，坚持以政策来引导园区产业的转型升级。加强对企业低碳发展的引导与服务，通过推动高能耗企业自主编制企业碳盘查报告、开展绿色办公室建设、与重点用能单位签订节能目标责任、发挥低碳发展信息交流平台的作用、拓展与清洁技术相关的对外合作伙伴关系等举措，不断提升园区的碳管理能力。

---

1 案例来自工业和信息化部网站"国家低碳工业园区典型案例"的报道。

苏州工业园区：推动产业低碳化，通过不断提升转型升级的力度，加快工业企业低碳转型，关停高能耗项目，持续推动现代服务业及新兴产业发展，加快高端制造业发展的步伐，推动企业实施低碳技术改造和工业减碳降耗行动。能源管理低碳化，确定温室气体排放报告工作对象和主体，组织重点行业重点单位进行温室气体排放报告工作培训，建设完成低碳能源公共服务平台一期建设工程，建立碳排放信息公开制度。大力推动低碳技术研发和创新，组织汇编先进适用节能与低碳技术，积极推进半导体产业发展，推动公共场所、工业项目、公共建筑等节能降耗，建设能源中心"六位一体"微能源网项目等。

南昌国家高新技术产业开发区：依托产业优势加大航空、光电、医药等产业的集聚程度，推动工业创新升级和实现绿色低碳发展。大力推动新材料、新一代信息产业的发展，加速形成铜资源、钨产品深加工产业链，进一步发挥软件和服务外包产业集聚优势。推动工业与生态的融合发展，建成区绿地面积达 1 352 hm²，建成区绿化覆盖率达41.2%，每年新增绿地面积都在40万 m²以上，形成"生态好、产值高、可持续"的绿色工业发展格局。

贵阳国家高新技术产业开发区：大力培育园区的高附加值产业，把大数据作为园区产业绿色低碳转型的重要抓手，形成以电子信息制造业、软件服务业以及航空、节能环保设备制造为核心的高端制造产业集群。着力打造产业低碳化重点工程，重点打造一批掌握核心技术的企业，通过建设绿色数据中心、对云计算中心节能改造等实现低能耗，降低碳排放，带动园区的绿色低碳发展。大力推进可再生能源利用，遵循"发展"和"减碳"并举的思路，加快发展新能源，引导扩大输入电力、天然气消费，探索利用地热、生物质能等可再生能源，实现能源消费结构的多样化，降低能源消费的碳排放水平。

上海金桥经济技术开发区：发展服务型产业，推进产业结构低碳化，加速实现从加工型产业向服务型产业转移，加快淘汰落后产能，积极培育新兴产业，进一步提高高新技术产业、低碳产业的比重，进一步完善支柱产业的生态产业链，将绿色、低碳生产向绿色设计、绿色营销两端延伸，不断扩大低碳发展的规模和深度。开展企业全过程低碳管理，推动企业节能降碳，鼓励企业从源头、生产制造、制造末端实施全过程低碳管理，鼓励企业开展清洁生产审计，率先在企业内开展碳审计，摸清企业碳排放现状，进一步实现节能减碳。开展低碳创建，培育园区的低碳文化，通过提升低碳意识、转变低碳理念、培育低碳行为和建立低碳制度，使低碳文化逐步渗透、影响园区居民的生活行为和消费理念，逐渐形成以低碳生活为荣的社会风尚。

3.低碳社区试点

2014年3月，为积极探索新型城镇化道路，加强低碳社会建设，倡导低碳生活方式，推动社区低碳化发展，国家发展改革委下发了《关于开展低碳社区试点工作的通知》（发改气候〔2014〕489号），组织开展低碳社区试点工作。2015年2月，国家发展改革委办公厅下发了《关于印发低碳社区试点建设指南的通知》（发改办气候〔2015〕362号），提出拟打造一批符合不同区域特点、不同发展水平、特色鲜明的低碳社区试点，并整合相关政策、加大财政投入和创新支持政策，探索利用碳市场支持低碳社区试点的有效模式。在《国家应对气候变化规划（2014－2020年）》中提出结合新型城镇化建设和社会主义新农村建设，扎实推进低碳社区试点，"十二五"末全国开展的低碳社区试点争取达到1000个左右。

专栏4-3　部分低碳社区主要做法

云南省腾冲市荷花镇甘蔗寨社区低碳社区试点

提出的主要任务包括低碳能源利用、低碳环卫处理体系建设、低碳交通基础设施建设、水资源节约利用与污水处理、环境综合整治、低碳宣传体系建设、低碳管理制度建设、低碳旅游项目规划。

落实的重点工程包括太阳能灯具建设项目、屋顶光伏发电系统项目、太阳能热水系统项目、LED灯替换项目、低碳宣传候车亭建设项目、节水龙头安装项目、污水处理沟渠建设项目、社区低碳宣传栏布置及低碳生活指南手册编制项目、创建低碳家庭与低碳宣传活动组织项目、低碳管理制度建设项目。

海南省三亚市蜈支洲岛低碳景区试点

提出的主要任务包括推进能源结构优化调整、强化建筑节能降碳改造、深化低碳交通体系建设、推广低碳技术与产品应用、加强低碳基础能力建设、宣传引导低碳理念。

落实的重点工程包括景区照明系统节能改造工程、酒店空调系统节能改造工程、新能源汽车景区应用工程、雨水回收利用系统建设工程、旅游碳足迹与"碳币"系统建设工程、低碳旅游文化品牌宣传工程、低碳景区管理体系建设工程、海洋牧场碳汇建设工程、太阳能光热海水淡化工程。

> **江西省婺源县塘村农村低碳试点**
>
> 提出的主要任务包括加强建筑、交通、能源低碳化发展，完善固体废物处理体系，优化水资源利用设施体系，改善绿化环境，完善村庄公共服务资源，健全村庄物业管护机制，加强农村碳排放管理，加强低碳文化宣传。
>
> 落实的重点工程包括太阳能灯具建设项目、屋顶光伏发电系统项目、太阳能热水系统项目、LED灯替换项目、绿化垃圾肥料化项目、厨余垃圾生化处理项目、生态旅游厕所项目、电动汽车充电基础设施建设项目、屋顶雨水回收利用系统项目、富碳农业示范项目、低碳旅游信息化项目。

4.气候投融资试点

国务院在《"十三五"控制温室气体排放工作方案》中提出，"以投资政策引导、强化金融支持为重点，推动开展气候投融资试点工作"。随后，《"十三五"省级人民政府控制温室气体排放目标责任考核指标及评分细则》对气候投融资工作设置了考核指标，在第26条资金支持情况中规定"创新气候投融资机制，开展相关试点工作，积极吸引社会资金投入应对气候变化或低碳发展相关工作的，得1分"。

2020年1月17日，国务院办公厅下发了《关于支持国家级新区深化改革创新加快推动高质量发展的指导意见》（国办发〔2019〕58号），提出"支持有条件的新区创新生态环境管理制度，推动开展气候投融资工作，提高生态环境质量"。

2020年10月，生态环境部、国家发展改革委、中国人民银行、中国银行保险监督管理委员会、中国证券监督管理委员会联合发布《关于促进应对气候变化投融资的指导意见》，对气候投融资做出顶层设计，引导资金、人才、技术等各类要素资源投入应对气候变化领域。国内在气候投融资方面仍处于起步状态，但重庆、湖南、陕西、山东等先行者的相关工作思路值得其他地方参考和借鉴。

专栏4-4 部分地区气候投融资工作思路

重庆市: 重庆市气候投融资工作的开展将围绕重庆市碳排放达峰这一目标,以及降低碳排放强度和总量两个路径,以低碳试点城市、碳市场试点、工业园区试点这三个试点为载体,推进四项重点任务,包括制定标准识别气候友好项目、列出气候投融资项目匹配清单、开发绿色金融大数据信息平台、构建相关工具包,助推气候投融资落地。从资金上,利用生态文明专项资金10多亿元以及长江经济带资金4亿多元,支持存量低碳项目。重庆市近期已启动气候投融资试点实施方案编制工作,并顺利上线测试绿色金融大数据系统。

湖南省: 湖南省生态环境厅开展《湖南省碳排放达峰路径和气候投融资方案》研究,在测算碳排放峰值和模拟达峰路径的基础上,围绕达峰项目清单编制气候投融资方案。此外,湖南省成功入选亚洲开发银行"亚太气候技术融资中心"试点,获得5亿美元气候变化低息贷款支持,用于探索把应对气候变化先进技术纳入地方经济和社会发展计划的可行做法,如气候技术选择、技术风险分析、技术产品市场前景、技术投资方案等,并在此基础上考虑扩大合作范围,包括对民营企业投向气候变化技术的支持,对地方建立气候技术投融资中心的培训和能力建设支持等。

陕西省: 陕西省发展改革委印发《关于征集陕西省气候投融资重点项目的通知》(陕发改气候〔2017〕1133号),并联合中国建设银行陕西省分行、兴业银行西安分行及亚洲开发银行驻京代表处等金融机构召开陕西省气候投融资重点项目对接洽谈会,促成一批项目与金融机构达成投融资意向。

山东省: 山东省获得联合国气候变化框架公约绿色气候基金(GCF)1亿美元支持,用于设立山东省绿色发展基金,这也是我国获得的首笔GCF资金。此外,亚洲开发银行、德国复兴信贷银行和法国开发署意向同步提供联合融资。山东省绿色发展基金以直接投资和子基金投资的方式,重点投向节能减排、环境保护与治理、清洁能源、循环经济、绿色制造等领域,预计可减少二氧化碳排放2 500万t。

▶第四节▶温室气体统计核算▶

1.区域温室气体排放核算与报告

2006年IPCC发布了《国家温室气体清单指南—2006》,这一版指南被《联合国气候变化框架公约》(以下简称《公约》)缔约方会议采纳，成为发达国家编制国家温室气体清单的强制性标准。鉴于《公约》明确要求所有缔约方提供温室气体排放源和吸收汇的国家温室气体清单，我国于2001—2004年历时3年完成了《中国气候变化初始国家信息通报》中1994年国家温室气体清单的编制工作。2008年国家发展改革委再次组织国内有关政府部门、科研机构、大专院校、国有企业和社会团体，根据《公约》第八次缔约方大会通过的有关非附件I、国家信息通报编制指南，启动了第二次国家信息通报的编写工作。经过近4年的努力，完成了《中华人民共和国气候变化第二次国家信息通报》，包括2005年国家温室气体清单。

2010年9月，国家发展改革委办公厅正式下发了《关于启动省级温室气体清单编制工作有关事项的通知》（发改办气候〔2010〕2350号），要求各地制定工作计划和编制方案，组织好温室气体清单编制工作。辽宁、云南、浙江、陕西、天津、广东和湖北7个省市被选为省级温室气体清单编制试点地区，在中央单位专家指导下依托地方研究力量全面开展2005年省级温室气体排放的摸底估算工作。

2011年5月，为了进一步加强省级温室气体清单编制能力建设，在国家重点基础研究发展计划相关课题的支持下，国家发展改革委应对气候变化司组织国家发展改革委能源研究所、清华大学、中科院大气所、中国农科院环发所、中国林科院森环森保所、中国环科院气候中心等单位的专家编写了《省级温室气体清单编制指南（试行）》。2011年7月12—14日，省级温室气体清单指南培训班在北京召开，31个省（自治区、直辖市）、新疆生产建设兵团、8个副省级城市和4个计划单列市以及1个低碳领域公司等共计400余名代表参加了本次培训。2011年12月发布的《"十二五"控制温室气体排放工作方案》中提到，建立温室气体排放基础统计制度，制定地方温室气体排放清单编制指南，规范清单编制方法和数据来源。

2016年10月，国务院印发了《"十三五"控制温室气体排放工作方案》(国发〔2016〕61号)，要求各地强化应对气候变化的基础能力支撑，定期编制国家和省级温室气体排放清单，建立温室气体排放数据信息系统。

2010年以来国家发展改革委确定了三批省市低碳试点，明确增加了编制温室气体清单的要求。截至2017年3月，国内有近百个城市已完成清单编制工作。其中浙江、河南、陕西、山西、新疆等省区已系统地开展了城市层面的温室气体排放清单编制工作。截至2020年年末，四川省、甘肃省、内蒙古自治区、云南省红河州、安徽省等地已开始启动2016年度、2018年度温室气体清单编制工作。

2.企业温室气体排放核算与报告

2013年10月，国家发展改革委办公厅发布了《关于印发首批10个行业企业温室气体排放核算方法与报告指南（试行）的通知》(发改办气候〔2013〕2526号)，首批10个行业企业包括发电企业、电网企业、钢铁生产企业、化工生产企业、电解铝生产企业、镁冶炼企业、平板玻璃生产企业、水泥生产企业、陶瓷生产企业、民航企业。

2014年12月，国家发展改革委办公厅下发了《关于印发第二批4个行业企业温室气体排放核算方法与报告指南（试行）的通知》(发改办气候〔2014〕2920号)，第二批4个行业企业包括中国石油和天然气生产企业、中国石油化工企业、中国独立焦化企业、中国煤炭生产企业。

2015年7月，国家发展改革委办公厅下发了《关于印发第三批10个行业企业温室核算方法与报告指南（试行）的通知》(发改办气候〔2015〕1722号)，第三批10个行业企业包括造纸和纸制品生产企业，其他有色金属冶炼和压延加工业企业，电子设备制造企业，机械设备制造企业，矿山企业，食品、烟草及酒、饮料和精制茶企业，公共建筑运营单位（企业），陆上交通运输企业，氟化工企业，工业其他行业企业。

2015年11月，国家质量监督检验检疫总局、国家标准委批准发布《工业企业温室气体排放核算和报告通则》以及发电、钢铁、民航、化工、水泥等10个重点行业温室气体排放核算方法与报告要求。该标准的制定充分吸纳了我国碳排放权交易试点经验，并参考了有关国际标准。这也是我国首次发布的关于温室气体管理的国家标准。国家标准规定了工业企业温室气体排放核算与报告的基本原则、工作流程、核算边界、核算步骤与方法、质量保证、报告内容，弥补了我国温室气体管理国家标准的空缺。部分地区主管部门规定的核算要求见专栏4-5。

专栏4-5 部分地区主管部门的核算要求

北京市： 2013年11月22日，北京市发展和改革委发布《北京市企业（单位）二氧化碳核算和报告指南（2013版）》；2014年12月29日，北京市发展和改革委发布《北京市企业（单位）二氧化碳核算和报告指南（2014版）》。2015年12月25日，北京市发展和改革委发布《北京市企业（单位）二氧化碳核算和报告指南（2015版）》，其中对热力生产和供应企业、火力发电企业、水泥制造企业、石化生产企业、交通运输企业、其他服务业企业和其他行业企业提出具体规定。根据北京市发展和改革委发布的《关于做好2016年碳排放权交易试点工作的通知》规定，排放单位碳排放核算与报告应参照《北京市企业（单位）二氧化碳核算和报告指南（2015版）》执行。

上海市： 2012年12月11日，上海市发展和改革委发布《上海市温室气体排放核算与报告指南（试行）》以及钢铁、电力、建材、有色、纺织造纸、航空、大型建筑（宾馆、商业和金融）和运输站点等9个上海碳排放交易试点相关行业的温室气体排放核算方法，旨在指导和规范相关企业、部门和专业机构统一、科学地开展相关碳排放监测、报告、核查和管理工作，为上海市开展碳排放交易工作提供重要技术支撑。该指南和行业核算方法的制定，是在充分学习和借鉴国际碳排放监测、报告、核查工作经验和国家温室气体清单有关做法的基础上，由上海市发展和改革委组织专业机构、行业技术专家和部分试点企业，在国家碳排放核算领域专家的指导下研究完成。印发的指南和核算方法，是国内正式印发的首个系统性的企业层面碳排放核算方法，为科学确定企业碳排放量提供了统一的度量衡，具有广泛的指导和借鉴意义。

　　深圳市:2013年4月，根据建设深圳低碳试点城市和开展碳排放权交易试点工作的要求，为了建立符合深圳实际情况的组织温室气体量化、报告与核查制度，深圳市市场监督管理局编制并发布了《组织的温室气体排放量化和报告规范及指南》和《组织的温室气体排放核查规范及指南》两个标准化指导性技术文件。

　　广东省:2014年3月18日，广东省发展和改革委发布《广东省企业（单位）二氧化碳排放信息报告指南（试行）》，其中包括报告通则，以及火力发电企业、水泥企业、钢铁企业、石化企业的具体报告指南;2020年6月，广东省生态环境厅印发了《广东省市县（区）温室气体清单编制指南（试行）》，进一步完善了温室气体排放统计核算制度。

　　重庆市:2014年5月28日，重庆市发展和改革委发布《重庆市工业企业碳排放核算和报告指南（试行）》，规定了碳排放核算和报告的原则、核算边界、碳排放源、活动水平数据、核算方法、不确定性分析、数据质量管理和报告内容等要求。

　　天津市:2013年12月24日，天津市发展和改革委发布钢铁企业、化工企业、炼油和乙烯企业，以及其他范围的《天津市企业碳排放报告编制指南（试行）》，该指南适用天津市辖区范围内企业碳排放报告的编制。企业坐落地在天津市辖区范围以外，但因注册地或统计口径原因，须向天津市报告碳排放情况的企业，可参照指南执行。

　　湖北省:2014年7月18日，湖北省发展和改革委发布《湖北省工业企业温室气体排放监测、量化和报告指南（试行）》，其中包括湖北省工业企业温室气体排放量化通用指南，以及电力企业、玻璃、电解铝、电石、造纸、汽车制造、钢铁制造、铁合金、合成氨相关化工产品生产、水泥、石油加工等行业的具体指南。

碳达峰碳中和的已有实践总结

▶第五章 碳达峰碳中和的已有实践总结

我国自2014年首次提出碳达峰相关目标以来，在应对气候变化各项政策的指导与推动下，从地区、企业层面探索开展了碳达峰、碳中和相关实践，这些实践无疑为我国实现碳达峰、碳中和目标提供了有益的先行先试经验。本章总结了"十三五"期间我国各地方政府开展的碳达峰行动，以及从相关政策、企业、大型活动等角度探索的碳中和及相关工作。

▶第一节▶碳达峰相关政策▶

2014年11月，我国在《中美气候变化联合声明》中首次提出我国碳排放达峰相关目标，即"中国计划2030年左右二氧化碳排放达到峰值且将努力早日达峰"。此后，在国家的宏观政策文件中，相继出现碳排放达峰相关的目标及工作要求，如《中华人民共和国国民经济和社会发展第十三个五年规划纲要》（2016－2020年）中提出"支持优化开发区域率先实现碳排放达到峰值"；随后印发的《"十三五"控制温室气体排放工作方案》提出"支持优化开发区域率先达到峰值，力争部分重化工行业2020年左右实现率先达峰"。在政策指引下，不少省级和地市级政府纷纷启动相关工作，开展本地区碳达峰目标预测与路径规划研究，部分高校及研究机构也围绕碳达峰预测、达峰路径规划、相关政策机制等开展了大量研究。

▶第二节▶碳达峰顶层设计▶

1.省级政府顶层设计

根据国家应对气候变化战略研究和国际合作中心的统计，"十三五"期间，为落实国家低碳试点工作，9个省份提出全省达峰年份，7个省份提出所辖重点区域/城市达峰年份，5个省份提出行业达峰目标,具体见表5-1。当然,这些目标均是根据"十三五"时期国家和地方的发展背景与低碳试点的工作要求提出的,在当前新的发展阶段,这些地方发展需要结合新形势、新要求,对本地区达峰目标进行重新研判,制定符合国家新的碳达峰、碳中和目标要求并有效促进地方经济高质量发展的碳达峰目标与行动方案。

表5-1 "十三五"时期提出达峰目标的省份

序号	省(区、市)	达峰目标
提出整体达峰年份的省(区、市)		
1	北京	2020年并尽早达峰
2	天津	2025年左右达峰
3	云南	2025年左右达峰
4	山东	2027年左右达峰
5	重庆	2030年达峰
6	山西	2030年左右达峰
7	海南	2030年前达峰
8	甘肃	2030年左右达峰
9	新疆	2030年
提出重点区域(城市)达峰年份的省(区、市)		
1	江苏	苏州、镇江,2020年
2	广东	广州、深圳,2020年
3	陕西	安康,2028年;延安,2029年
4	山西	晋城,2025年
5	新疆	乌鲁木齐、昌吉、伊宁、和田,2025年
6	甘肃	兰州,2025年

序号	省（区、市）	达峰目标
7	山东	青岛、烟台，2020年；济南，2025年
提出行业达峰目标的相关省（市、区）		
1	江西	力争部分重化工业2020年左右实现率先达峰
2	四川	部分重化工业2020年左右与全国同行业同步实现碳排放达峰
3	天津	钢铁、电力等行业率先达峰
4	海南	水泥、石油、化工、电力等重点行业按照国家要求尽早实现达峰目标
5	甘肃	争取部分重点行业在2020年左右实现率先达峰

此外，云南、青海、广西、福建、黑龙江、山西、吉林、甘肃8个省区明确开展了碳排放达峰的研究。其中，云南省和青海省是开展达峰研究比较早的省份。云南省在"十三五"初期开展了"率先达峰省"建设的研究，结合本省的基础条件和优势特色，明确了"三个坚持"的核心思路，即坚持以提高电气化率为主线，优先"云电云用"、力争"云电外送"，坚持碳排放达峰与生态建设齐头并进、相互促进，坚持将碳排放达峰融入国家"一带一路"倡议，并围绕核心思路提出了10大路径和5项保障措施。青海省则提出了通过打造特色产业链推动传统产业结构转型，通过产业转型带动能源结构清洁化供应，通过城镇化促进基础设施和居民生活的低碳化，协同推进低碳、环保、循环及生态建设，以试点示范推动青海全省发展，多方面打牢低碳基础能力，完成6大方面20项具体任务，多措并举、统筹推进碳排放峰值目标的实现。

2.地市级政府顶层设计

"十三五"期间，不少地市政府也开展了碳达峰相关工作。国家明确要求第三批低碳试点城市提出碳排放达峰目标，前两批试点城市以及不少基础条件好的非试点城市也主动提出了碳达峰目标。据不完全统计，截至目前，全国超过80个城市提出了达峰年份，部分地方还提出了碳排放总量的目标。"十三五"期间提出达峰目标的城市及峰值年份见表5-2。同样，这些目标也需要根据国家最新提出的以及所在省份已经或将要提出的碳达峰碳中和目标进行重新研判，目前已有部分城市调整了此前制定的达峰目标。

表5-2　国内提出达峰目标的城市及峰值年份

碳排放达峰年份	城市
2020年	北京、上海、杭州、镇江、厦门、广州、苏州、青岛、广元、金昌、济源、南京、金华、衢州、伊宁
2021—2024年	深圳、武汉、黑河市逊克县、嘉兴、昌吉、晋城、赣州、景德镇、常州、黄山、吉安、长沙县、大兴安岭、中山、合肥、吴忠
2025年	南平、南昌、淮安、吉林、天津、石家庄、秦皇岛、大连、朝阳、盘锦、济南、潍坊、三明、共青城、恩施、株洲、长沙、乌海、银川、西宁、和田、第一师阿拉尔市、兰州、遂宁、成都、拉萨
2026—2029年	宣城、抚州、沈阳、宜昌市长阳土家族自治县、彬州、呼伦贝尔、三亚、淮北、湘潭、延安
2030年	桂林、昆明、乌鲁木齐、贵阳、池州、遵义、六安、安康、吐鲁番、普洱市思茅区、玉溪、柳州

此外，21个城市和2个省加入"中国达峰先锋城市联盟"（APPC），承诺在2030年国家达峰目标之前实现碳排放达峰（表5-3），这些城市

占中国人口总数的17%，占国内生产总值的28%，占中国二氧化碳排放总量的16%。全国超过20个城市将碳达峰目标纳入顶层设计，其中北京、上海、宁波将碳达峰目标纳入社会经济发展规划纲要，上海市将碳达峰目标纳入城市总体规划，广州、镇江、延安、晋城、贵阳、上海、青岛、杭州、济源、南平、赣州、天津、桂林、重庆等城市将碳达峰目标纳入专项规划。

表5-3　APPC成员城市达峰目标

"十三五"时期 （2016－2020年）		"十四五"时期 （2021－2025年）		"十五五"时期 （2026－2030年）	
宁波	2018年	武汉	2022年左右	延安	2029年前
温州	2019年	深圳	2022年	海南省	2030年
北京	2020年左右	晋城	2023年	四川省	2030年前
苏州	2020年	赣州	2023年	池州	2030年
镇江	2020年左右	吉林	2025年前	桂林	2030年左右
南平	2020年左右	贵阳	2025年前	广元	2030年
青岛	2020年	金昌	2025年前	遵义	2030年左右
广州	2020年年底前			乌鲁木齐	2030年

3.碳峰值预测研究情况

随着国际社会减缓和适应气候变化行动的日益深入，碳排放峰值及其相关研究也日渐丰富。目前，许多发达国家已经越过了能源强度和碳排放强度拐点，因此国外对于碳排放峰值的研究主要体现在能源消费、碳排放量与经济增长关系的研究以及减少碳排放量政策的研究上。其中部分学者采用MARKAL模型、LEAP模型等针对能源或其他特定领域，研究了具体的政策和技术应用所带来的碳减排量，并进行了相应的经济性分析。

相对而言，国内碳排放峰值研究主要是对中国整体及省、市层面能源系统进行模拟，对碳排放达峰时间和峰值排放量进行预测，以及对工业、交通、建筑等主要耗能行业的发展阶段与减排潜力进行分析，研究方法与模型呈现多元化。

从方法上来看，国内外对于能源需求及碳排放分析预测的模型主要分为自顶向下和自底向上两大类，具体见表5-4。

表5-4　能源及碳排放预测主要模型

分类	名称	基本方法描述	特点
自顶向下	CGE MACRO CEM-E3 STIRPAT	采用计量经济学、一般均衡理论、线性规划理论等经济学方法	适用能源宏观经济分析，便于提供经济分析，但不能详细描述技术，价格由市场供求直接决定
自底向上	MARKAL	按照市场需求驱动的综合能源系统优化	提供可行的能源供应策略，是以分配为主的能源模型
	AIM	以能源消费和生产使用的技术过程为基础的能源需求分析	偏重于研究不同技术设备选择对能源需求的影响
	LEAP	基于情景模拟的能源—环境分析	数据输入灵活，适合长期能源规划，同时本身具有详细的环境数据库，可根据问题特点和数据的可获得性而灵活设定模型结构和数据形式，被国内外相关研究广泛采用

自顶向下的模型主要有CGE模型、MACRO模型、CEM-E3模型、STIRPAT模型等，这类模型采用经济学方法，使用计量经济学、一般均衡理论和线性规划理论等作为研究方法，便于提供经济分析。但自顶向下模型不能详细描述技术细节，忽略了技术进步的潜能及其对经济的影响，仅通过经济指标决定能源的供求，并且无法直接完成能源消费量以及碳排放量向各部门、行业的逐级分解。

自底向上的模型主要包括MARKAL模型、AIM模型和LEAP模型等。自底向上模型以具体的活动、技术等详细信息为出发点进行预测；预测的方法主要为工程学方法，对技术有详细的描述，同时假定能源部门和其他部门之间相互独立，采用线性规划、非线性规划、多目标规划等理论作为研究方法。这类模型的预测结果具体且易于解释和分析，对政策的具体发展方向和效果的评估有着很好的说服力。其中，MARKAL模型是按市场需求驱动的，模型本质上依据提供的能源需求来确定最佳能源供应，侧重于分配机制；AIM模型基于能源消费预测温室气体排放，一类以经济学模型为出发点，以价格、弹性为主要经济指数，集约地表现它们与能源消费和生产的关系，另一类以反映能源消费和生产的人类活动所使用的技术过程为基础，侧重于对不同技术设备选择计算其运行时所需的能源量；LEAP模型是专门为能源规划、尤其是长期能源规划所设计的，数据输入透明，比较灵活，并且本身设置了详细的环境数据库，通过收集各种技术统计数据、财务数据和相应的环境排放指标及各项参数，模拟计算不同情景下的总成本及对应的环境收益。

在实际应用中，因为LEAP模型数据输入灵活，且可根据问题特点和数据的可获得性而灵活设定模型结构和数据形式，所以LEAP模型被国内外相关研究广泛采用。

专栏5-1　LEAP模型

· LEAP模型是自底向上模型的一种，由斯德哥尔摩环境研究院开发的基于情景模拟的能源—环境分析工具。在LEAP模型中，由于使用者可以根据研究问题的自身特点和数据的可获得性而灵活设定模型结构、数据形式以及具体预测方法，适合长期能源规划，同时本身具有详细的环境数据库，因而被广泛应用于全球、国家以及区域尺度的能源战略规划和温室气体减排评价研究中。

LEAP模型包括能源需求、能源转换、生物质能源、环境影响评价和成本分析5个模块，模型使用者可以基于目前情况以及对未来社会、经济和能源发展的不同预测，设定一系列不同的情景，并将相应的量化指标输入模型，最后对不同方案的结果进行比较。主体模块通过"资源、转换、需求"三个过程，实现现实中能源从开发到满足需求的完整过程。

（1）能源需求

能源需求模块预测未来能源需求。可按部门、子部门、终端使用和设备4个层次建立合理的数据结构，并依据内推法、弹性系数法及增长率法等方法对未来经济活动水平进行预测，求得预测期的能源需求量。

（2）能源转换

能源转换模块将预测的能源需求量转换成一次能源，并从一次能源出发模拟其转化过程。通过计算本地区自有资源存量能否满足本地区所需的能源需求，进而计算出能源的进口量或出口量，实现能源供需平衡。

（3）生物质能源

生物质能源将测定生物质资源需求及土地使用变化引起的影响，目的是解决农村能源所遇到的一些问题。

（4）环境影响评价

环境影响评价对给定能源对策的环境影响进行预测，依据模型内置的环境数据库（TED），计算备选方案产生的污染物排放量及对水或人体等带来的危害。TED中数据的来源较广，涉及能源开发利用、能源技术等领域，提供的综合数据易于使用，使得能源活动与其对环境的影响易于结合。

（5）成本分析

成本分析从资源、转化、利用等角度跟踪并计算备选能源方案的费用，从经济费用的角度帮助用户判定哪一个能源方案更适合经济发展。

▶第三节▶碳中和实践行动▶

1.近零碳排放示范区

在我国碳达峰、碳中和目标提出之前，地区层面的碳中和行动非常少。与碳中和概念较为接近的是"近零碳排放"，可视为低碳概念的进一步深化，是实现碳中和目标的过程探索。相应地，近零碳排放示范区的工作也为未来碳中和先行示范区创建积累了一定经验。

党的十八届五中全会报告提出，"推动低碳循环发展，建设清洁低碳、安全高效的现代能源体系，实施近零碳排放区示范工程"。随后，《中华人民共和国国民经济和社会发展第十三个五年规划纲要》也提及了"实施近零碳排放区示范工程"。《"十三五"控制温室气体排放工作方案》进一步提出，选择条件成熟的限制开发区域和禁止开发区域、生态功能区、工矿区、城镇等开展近零碳排放区示范工程建设。

"十三五"以来，不少地方根据自身资源禀赋和发展特点，在近零碳排放区创建方面取得了不同程度的进展。在政策方面，北京、福建、云南将近零碳示范工作纳入"十三五"温控方案，广东省则将其写进国民经济和社会发展规划纲要。在实践方面，广东、浙江、北京、海南、陕西、深圳、宁波等省市，在城市、城镇、园区、社区等不同层面展开探索。

专栏5-2 近零碳排放区示范工程建设案例

广东省：2017年1月，广东省发展和改革委员会发布《近零碳排放区示范工程实施方案》和《近零碳排放区示范工程试点建设指南（试行）》。根据该方案，优先选择6个领域开展近零碳排放区示范工程项目建设。这6个领域不仅包括国家提出的城镇、新区、园区，还增加了行业、社区和企事业单位3个领域，涵盖范围更加广泛全面。方案中明确提出2018年、2020年和2025年3个主要时间节点对应的具体目标，为后续持续推动近零碳排放区示范项目提供了统一和清晰的指导。截至目前，汕头市南澳县、珠海万山镇、广东状元谷、中山市小榄镇北区4个地方试点示范工作已经取得了一定成效。

浙江省： 浙江省从第二批省级低碳试点中，遴选部分区域从4个不同领域进行近零碳排放示范建设。近零碳排放城镇试点6个，包括常山县球川镇、江山市凤林镇、黄岩区智能模具小镇、文成县玉壶镇、永嘉县大若岩镇、嵊泗县嵊山镇；近零碳排放社区试点4个，包括安吉县余村、天台县桥南社区、庆元县安南乡安溪村、南湖区世合理想大地；近零碳排放园区试点1个，为长兴县画溪新能源近零碳排放园区；近零碳排放交通试点4个，包括萧山区传化智联股份有限公司、高新（滨江）区杭州优行科技有限公司、丽水驿动新能源汽车运营服务有限公司、慈溪市交通集团有限公司。

北京市： 2016年9月，北京市《"十三五"时期新能源和可再生能源发展规划》提出，到2020年，城市副中心行政办公区新能源和可再生能源利用比重力争达到40%以上，率先建成"近零碳排放示范区"。

海南省： 2017年6月，海口市决定在东海岸区域设立江东新区，重点打造零碳新城。并提出按照"两年出形象、三年出功能、七年基本成型"的时间表，从能源、交通、建筑、生态4条路径共同推进，通过打造零碳产业平台和零碳设施环境、倡导零碳生活方式，构建"零碳交通""零碳建筑""零碳能源""零碳家庭"等功能系统，重点打造世界一流的零碳新城及城乡一体和谐共生的中国示范与全球领先的生态CBD。

陕西省： 2016年12月，陕西省发展和改革委印发《关于组织开展近零碳排放区示范工程试点的通知》，提出"十三五"期间重点在工矿区、农业园区和民用建筑3个领域试点示范，并根据不同区域特点，开展侧重点各异的试点示范；工矿区将利用可再生能源替代化石能源，实施碳捕集、利用和封存减排技术等；农业园区将试点生产设施实现全部可再生能源供电及供暖，生活用能绿色低碳化等；在民用建筑领域，建筑物屋顶及南立面将设置太阳能光伏系统，采用分布式并网模式，做到电力自发自用，利用邻近工矿企业余热余气采暖供热等。

深圳市： 深圳市于2017年启动近零碳排放区示范工程相关工作，并组织开展了多项研究。截至2018年年底，深圳市完成了《深圳市近零碳排放区示范工程建设的支撑体系研究报告》《深圳市近零碳排放区示范工程建设指南》和《深圳市近零碳排放区示范工程（中美低碳建筑与社区创新中心）建设总结报告》，为明确近零碳排放区示范工程的核心概念，构建技术体系、政策体系，进一步实施重点示范工程奠定了坚实基础。

宁波市： 将"创建梅山近零碳排放区"纳入宁波市高质量发展主要任务分解清单，制定并印发了《宁波梅山国际近零碳排放示范区创建工作实施方案》和《宁波梅山近零碳排放示范区建设规划》，在规划中提出了明确的建设目标：2020年前基本实现能源需求由可再生能源供应，排放增量做到"近零"，2021－2025年能源系统实现"近零碳"，2026－2030年实现全经济范围"近零碳"，2030－2050年最终实现温室气体近零排放。按照规划部署，该市启动了"一港五区"重点项目库编制工作，明确了国际近零碳排放示范区支撑性项目的具体内容，启动实施了近零碳产业集聚区、近零碳港口和物流、分布式发电市场交易、LNG冷能利用、零碳公共建筑、电动汽车推广等一系列示范工程。

2.大型活动碳中和

2008年的北京奥运会开创了国内大型活动碳中和的先河，此后的一些大型会议、赛事等也通过植树造林等方式实现碳中和，如2010年在天津举办的联合国气候变化会议、2014年在北京举办的APEC领导人会议、2016年G20杭州峰会、2017年金砖国家领导人厦门会晤等。

2019年6月，为进一步推动践行低碳理念，弘扬以低碳为荣的社会新风尚，生态环境部发布了《大型活动碳中和实施指南（试行）》，用于指导包含演出、赛事、会议、论坛、展览等在内的大型活动实施碳中和。该指南进一步规范了大型活动碳中和实施，明确了筹备阶段制定碳中和实施计划，在举办阶段开展减排行动，在收尾阶段核算温室气体排放量并采取抵消措施完成碳中和的流程、内容与操作细节。不少活动积极响应，特别是一些具有较大影响力的会议、赛事，都开展了碳中和行动，如2019年第二届全国青年运动会、2019年第七届世界军人运动会等。

专栏5-3：国内大型活动碳中和典型案例

2008年北京奥运会：2008年北京奥运会开创了大型活动碳中和的先河，提出了"绿色奥运"口号，不再局限于环保单个方面，而是从气候变化、环境保护、世界和平、公平竞争、科技进步以及可持续性发展等方面寻找多元化的支撑点，并取得了较大的成功，为之后的大型活动提供了重要借鉴。

2010年联合国气候变化会议：联合国气候变化会议是中国政府首次承办的联合国气候变化会议，经专家测算，本次会议约排放1.2万t二氧化碳。中国绿色碳汇基金会出资人民币375万元，在中国陕西省襄垣、晋阳、平顺等县营造5 000亩碳汇林，未来10年可将本次会议造成的碳排放全部吸收，实现该会议碳中和目标。

2014年APEC会议：2014年APEC会议成为首个实现碳中和的APEC会议。2014年亚太经合组织会议"碳中和"林植树启动仪式在北京市举行，通过在北京市和周边地区造1274亩"碳中和林"，抵消会议排放的6 371 tCO$_2$当量的温室气体。

2016年G20杭州峰会：共排放温室气体约6 674 tCO$_2$当量。为此，中国绿色碳汇基金会会同浙江省林业厅、杭州低碳科技馆积极组织协调，在浙江省杭州市临安市太湖源镇造林334亩，实现该会议碳中和的目标。该碳中和项目在G20峰会史上尚属首次。G20杭州峰会也是继2010年联合国气候变化会议、2014年APEC会议之后，中国政府通过造林方式实现零排放目标的第三个大型国际会议。

2017年金砖国家领导人厦门会晤：2017年金砖国家领导人厦门会晤期间碳排放来源主要包括国际和国内交通、餐饮、住宿、会议资料和会场用电等，排放温室气体3 095 tCO$_2$当量。厦门市于2018年3—4月红树林种植期，组织在下潭尾滨海湿地公园开展造林活动，种植由秋茄、桐花树、白骨壤等珍贵红树树种组成的"碳中和林"580亩，中和厦门会晤期间产生的二氧化碳实现零排放目标，这也是金砖国家领导人会晤历史上第一次实现"零碳排放"。

3.企业碳抵消

在我国碳达峰、碳中和目标提出之前，企业碳中和主要是以博世、大众、奔驰、宝马、苹果等为代表的国外企业在华分部实施总部的碳中和战略。国内鲜有企业开展以碳中和为目标的体系化工作，更多的是参与一些碳抵消活动。碳抵消，即通过购买碳配额、碳信用的方式或新建林业项目产生碳汇量的方式抵消企业生产等各项活动产生的温室气体排放量。

2009年8月5日，在北京环境交易所达成了国内第一笔场内自愿减排交易。该交易的购买方是天平汽车保险股份有限公司，购买的是北京奥运会期间北京绿色出行活动产生的8 026 tCO$_2$当量指标，成交价为27.76万元。供给方来自中国国际民间组织合作促进会和美国环保协会等单位于2008年发起的"绿色出行"行动，经清华大学交通研究所核准，该活动共计减排8 895.06 tCO_2当量。2009年11月17日，上海济丰纸业包装股份有限公司委托天津排放权交易所以上海济丰名义在自愿碳标准（Voluntary Carbon Srandard，VCS）APX登记处抵消上海济丰2008年1月1日—2009年6月30日产生的6 266 t碳排放量。上海济丰为此通过天津排放权交易所向厦门赫仕环境工程有限公司支付相应交易对价。这是中国第一笔由交易所组织的基于碳足迹盘查的碳中和交易，体现了我国企业在应对气候变化方面的责任感与紧迫感。

除了企业碳抵消行动之外，包括华电集团、中国石化、神华集团、中铝集团、中国化工集团等在内的一些受到国内碳市场约束同时也关注自身低碳转型发展的大型央企，提早开展了企业低碳发展相关研究与碳管理实践，这些工作为下阶段企业开展碳中和各项行动积累了宝贵经验。

企业碳管理相关工作主要包括企业碳盘查、碳管理战略研究、碳管理体系搭建与碳交易管理、实施节能降碳改造工程、开发碳排放管理系统、开展能力建设、碳抵消，核心目的是实现低碳转型、提高发展质量，同时以低成本路径完成履约并获得碳资产经营收益。企业碳管理主要工作和具体内容见表5-5。

表5-5　企业碳管理主要工作和具体内容

企业碳管理主要工作	具体内容
企业碳盘查	开展企业碳盘查工作，掌握纳入企业碳排放的基础数据，为企业开展碳管理工作奠定基础

企业碳管理主要工作	具体内容
碳管理战略研究	依托碳排放基础数据，开展企业碳管理战略研究，分析配额盈缺，明确碳资产管理思路，制定未来碳减排方案
碳管理体系搭建与碳交易管理	搭建专业碳管理团队及制度，为企业碳交易提供支持，确保企业合规完成履约工作，降低履约成本
实施节能降碳改造工程	开展节能诊断，从能源管理和技术改进两个角度挖掘节能降碳潜力，制定方案，实施改造工程
开发碳排放管理系统	开发碳排放管理系统，对企业碳排放数据、碳配额数据进行统筹管理，提高交易策略的前瞻性与准确性
开展能力建设	开展不同层次、不同内容的碳管理能力建设，强化企业碳管理人员的技术能力
实施碳抵消	参与抵消机制，买方通过购买减排信用用于碳抵消，降低履约成本，卖方通过出售减排信用获得额外收益

4.碳普惠机制

碳普惠机制是一种支持鼓励公众绿色低碳行为并为其赋予价值的激励机制，尽管不是严格意义上的碳中和，但它有助于倡导绿色低碳的生活方式，并推动形成政府引导、市场主导、全社会共同参与的低碳社会建设新模式，可以说，它为社会公众提供了一个参与到国家和地方碳达峰、碳中和目标实现进程中的平台。

2020年以前，国内除广东省之外，其他开展碳普惠机制建设的地区尚未形成较为完善的政策规定。在国家积极推进生态文明建设的背景下，大部分地区碳普惠机制相关活动的设计和开展主要以省、市级政府节能减排降碳、绿色行动计划等工作要求为引领，尚未就碳普惠制开展管理办法、工作方案、标准规范等政策文件的起草工作，方法学的开发尚不全面，制度标准体系有待搭建和完善。

广东省碳普惠机制的制度设计经历了不断探索、循序渐进的过程，2015年7月，广东省印发《广东省碳普惠制试点工作实施方案》《广东省碳普惠制试点建设指南》，拉开了碳普惠制建设的序幕。2017年4月，广东省发展改革委参照国家发展改革委温室气体自愿减排交易管理的有关规定，出台了《广东省碳普惠制核证减排量管理的暂行办法》（粤发改气候函〔2017〕210号），建立了广东省省级碳普惠制核证减排量（PHCER）的方法学开发、管理和使用等制度体系。2017年5月，广东省建立了碳普惠专家委员会，承担省级碳普惠行为方法学的技术评估工作。2017年6月，广州碳排放权交易所出台《广东省碳普惠制核证减排量交易规则》，明确了省级PHCER的交易场所、交易参与人、交易标的与规格、交易方式、资金监管、结算和交收等交易规则。2019年6月，广东省印发5个修订后的方法学，分别是《广东省林业碳汇碳普惠方法学（2019年修订版）》《广东省自行车骑行碳普惠方法学（第1版）》《广东省安装分布式光伏发电系统碳普惠方法学（编号2017003-V2）》《广东省使用高效节能空调碳普惠方法学（编号2017004-V2）》《广东省使用家用型空气源热泵热水器碳普惠方法学（编号2017005-V2）》，引导广东省控排企业及相关单位购买省级碳普惠制核证减排量。

参照广东省经验，河北省于2018年9月印发了《河北省碳普惠制试点工作实施方案》，确定石家庄、保定、沧州、张家口、承德市为首批省级碳普惠制试点城市，明确了试点目标，力争于2025年在全省推广并建成较为完善的碳普惠制度。

其他地区多是以国家和本地相关政策文件为指导确定碳普惠机制的建设方向。例如，北京市为贯彻落实《北京市"十三五"时期节能降耗及应对气候变化规划》《北京市"十三五"时期节能低碳和循环经济全民行动计划》的要求，组织开展了"我自愿每周再少开一天车"活动。南京市以《绿色出行行动计划（2019－2022年）》中大力培育绿色出行文化的要求为指导，设计开展了绿色出行活动。

专栏5-4：碳普惠机制典型案例

广东省：广东省碳普惠平台于2016年在广州、中山、东莞、韶关、河源和惠州展开试点运营，2019年广州市碳普惠平台正式上线。用户可通过碳普惠官网、手机App、微信公众号等渠道登录碳普惠账户，通过其对低碳行为进行量化并赋值。微信服务号便于公众注册并进行奖励兑换，查看及参与活动，接收低碳信息，进行绑定关联项、实名认证等用户信息维护。

成都市：2020年年初成都市出台《关于构建"碳惠天府"机制的实施意见》，目前"碳惠天府"微信小程序已上线试运行，市民可通过践行绿色出行、垃圾分类等低碳行为产生的个人碳减排量和在绿色商场、绿色饭店消费获得的减排量，在"碳惠天府"平台上参与环保公益活动、兑换碳积分奖励，并获得有趣且实用的绿色商品和服务；而企业可以通过节能技术改造、提高碳资产管理水平来降低生产过程中产生的碳排放量，根据相应方法学，科学核算项目碳减排量，并在四川联合环境交易所的交易平台上与有碳中和需求和意愿的购买方进行交易。

西宁市："西宁碳积分"微信小程序于2021年正式上线运行。用户登录后，步行、骑行、认购碳汇等低碳行为，经后台科学量化后可以变成相应的碳积分，碳积分可以用来兑换手机话费、电影卡、游乐园门票等商品或特色农产品。

南京市：南京市碳普惠平台通过对接本地公交卡公司、公交集团、运动统计App、共享单车企业等数据，对用户的步行、公共自行车、公交、地铁出行、自愿停驶私家车等低碳行为进行记录。用户可以凭借低碳行为所产生的积分，兑换健康体检、手机充值卡、部分体育场馆的使用权等，还可以认领冠名树木。

第六章

实现碳达峰碳中和的措施建议

城市是我国低碳发展各项工作的重要载体和主战场，在我国应对气候变化、推动绿色低碳发展的进程中发挥了关键作用，毫无疑问其在未来我国碳达峰、碳中和战略的具体实施中还将扮演关键角色。本章站在地方政府的角度，基于对政策措施、技术手段、典型案例的梳理与提炼，从开展顶层设计、产业高质量发展、能源体系低碳转型、重点领域节能降碳、提升生态碳汇能力、倡导全民低碳行动、做好各项支撑保障配套7个方面提出了实现碳达峰碳中和的措施建议。

▶第一节▶ 开展顶层设计 ▶

实现碳达峰、碳中和是一项系统性工程，涉及能源、工业、建筑、交通、农业、林业等各个行业领域，也涉及政府、园区、企业、机构、个人等多类对象，同时，它还是一项长达数十年的重大战略，因此特别需要在实施之初进行统筹规划，做好顶层设计，明确总目标、时间表、路线图和施工图，分步实施、有序推进，在推进过程中持续跟进目标完成情况，并进行阶段性的优化完善，确保碳达峰、碳中和目标如期实现。

实现碳达峰、碳中和的主要路径可以概括为四大方面：一是产业结构调整升级，构建以低碳产业为主导的产业体系，推动经济高质量发展；二是能源供给侧结构调整，彻底改变以煤为主的供能格局，大幅提高风、光、水等非化石能源的占比；三是能源消费侧节能增效与电气化，推动工业、建筑、交通等用能部门加强可再生能源的应用，并通过技术节能、管理节能等手段提升能源利用效率；四是通过采用负碳手段和技术，一方面是系统治理"山水林田湖草"，提升生态系统碳汇能力，另一方面是推动碳捕集、利用与封存技术的研究与商业化应用。其中，前三条路径是实现碳达峰、碳中和的关键路径，促使碳排放大幅降低，最后一条路径是实现碳中和的必要路径，使源汇相等达到"净零排放"，实现碳中和目标。

碳达峰碳中和的顶层设计主要围绕上述思路开展，同时还需要设计有效推动上述路径的保障政策、机制等。

1.编制碳达峰行动方案

各城市可以根据国家印发的碳达峰、碳中和指导意见和行动方案，以及所在地区碳达峰碳中和工作的总体部署，编制碳排放达峰行动方案。总体思路是以碳达峰为统领和主线，核算城市近10年左右的碳排放情况，分析排放变化与特征，分情景预测碳达峰目标，通过分析研判二氧化碳排放主要驱动因素、政策和措施发展趋势、减排潜力等确定达峰目标，面向重点行业、重点区域研究确定包括政策行动、体制机制创新等内容的达峰实施路径，制定包括组织领导、目标考核、支撑体系、全民参与等内容的保障措施。通过编制碳达峰行动方案，统筹协同碳排放控制、产业升级、能源供应、污染治理等各项政策，更好地应对不断强化的碳考核与相关约束，化挑战为机遇。

2.开展碳中和战略路径研究

碳达峰、碳中和是一项至少持续40年的长期战略，应把握节奏、有序推进，不可违背客观规律、一蹴而就。对我国众多产业结构以工业为主的城市而言，现阶段的重点是实现碳达峰目标；但对于北京、上海、深圳等第三产业占比较高的城市，实现碳中和可以在碳达峰的研究基础上，提早开展实现碳中和的战略路径研究，将碳中和愿景作为城市中长期发展的指南针，制定碳中和发展路线图，为产业升级与能源转型提供长期战略指引。

3.实施目标分解与过程管控

根据碳达峰行动方案中对达峰目标的测算,明确年度碳排放目标,即碳达峰、碳中和目标沿时间轴的横向分解,确保逐年落实;同时,省级政府可向地市级政府、地市级政府可向区县级政府将碳达、峰碳中和目标进行纵向分解,确保落实责任;此外,由碳达峰、碳中和目标延伸出的相关目标可向重点行业分解,抓准降碳关键点。在目标实现进程中,运用信息化工具,定期通过用能数据或用电数据测算碳排放情况,掌握年度目标或达峰目标完成的可能性,及时预警,有助于及时发现问题并调整相关政策行动。

4.探索实施"碳预算"制度

目前,我国规划制定与项目审批制度中对碳排放约束条件的前置考虑和整体管控几乎空白,而在简政放权后,地方政府在审批和推动项目建设过程中更是难以动态地考虑地区的整体目标,容易发生大量项目同步立项、同步上马,在短时间内快速突破排放约束目标的情况,且大量项目对碳排放具有长期锁定效应,建成投产后将长期对碳排放管控造成巨大难度,影响碳达峰、碳中和目标的实现。因此,探索实施"碳预算"制度,力争在有限的碳排放空间内优先支持有助于经济高质量发展的重大项目和发展模式,在争取碳达峰、碳中和目标早日实现的同时也为经济社会发展注入新的活力。

专栏6-1 碳预算制度内容设计要点

·确定年度碳预算总量

年度碳预算总量根据地区碳排放峰值目标进行确定,作为每年新建项目碳排放总量的"红线",每年新建项目所产生的碳排放总量不得突破碳预算,以此确保地区碳排放总量得到有效控制,按计划实现碳排放达峰目标。

> **·碳预算管控与调配**
>
> 在碳预算空间基本确定的条件下，各类具体产业规划和方案制定必须协同，新建项目的审批必须在淘汰已有高耗能项目释放预算指标后才可通过。通过严格管控碳预算指标，并结合当地产业发展的正负面清单，在下辖区域间或行业间通过一定的补偿形式调配碳排放指标，有效引导符合经济高质量发展要求的产业布局。
>
> **·项目全生命周期管理**
>
> 围绕碳预算制度，建立配套的项目全生命周期管理机制。项目实施前，需测算项目建设、运行全生命周期的碳排放情况；项目建设和运行过程中，开展年度项目碳评价，将碳排放量纳入碳预算管理，强化过程管控；项目退出前，进行碳排放全面"估算"，释放的碳排放量纳入碳排放预算管理。
>
> **·碳预算指标城市间流转**
>
> 为实现碳资源的最优化配置，可以探索城市间开展碳预算指标的区域间流转，探索指标流转及补偿模式，为碳预算制度面向更多层面的推广奠定基础和积累经验。

5.研究建立"跨区域共同达峰"机制

不同省份或不同城市因经济总量和碳排放总量的不同，其碳生产力[1]差异巨大，即单位排放所产生的经济价值差异巨大，反之减少同样的排放量所带来的成本也差异巨大，若设置同等程度的降碳目标，将在一定程度上造成社会总体减排成本的增加。跨区域共同达峰机制旨在通过设定跨区域达峰目标、制定跨区域二氧化碳排放核算方法、构建配套的责任分解落实与考核评价机制等创新工作，以更优的资源配置、更低的减排成本实现我国及各省份的碳达峰目标。基于经济、能源、碳排放等基本情况摸底，选择经济发展水平、产业结构、自然资源等方面具备良好支撑性、互补性的区域等进行跨区域"结对"，其中碳生产力高的地区为碳生产力低的地区提供资金、智力、技术支持，促进其经济绿色发展与能源体系转型，帮助其降低二氧化碳排放，碳生产力低的地区可向碳生产力高的地区转移或与之共享降碳空间，

1　碳生产力，指的是单位二氧化碳排放所产出的 GDP，即碳排放强度的倒数。

创造"降低减排成本、促进经济发展、共同实现碳达峰目标"的多赢局面。

▶第二节▶产业高质量发展▶

碳达峰、碳中和是我国经济高质量发展的内在要求，国家通过实施碳达峰、碳中和战略有效促进经济结构调整和产业转型升级。同样，城市在推进碳达峰、碳中和目标实现的过程中重点关注的就是产业如何发展，如何通过碳达峰、碳中和推动传统产业优化升级，并腾笼换鸟引入更高附加值的新产业，拉动经济持续发展。所以说，碳达峰、碳中和绝不是"就碳论碳"，不仅要做"减法"，更要做好"加法"，促进产业低碳发展才能实现高质量"达峰"。

1.传统产业优化升级

在控制高耗能、高排放行业增长方面，落实国家关于煤矿、钢铁、水泥、玻璃等行业产能置换的各项要求，促进重点行业中低端产能的有序退出或升级改造；通过建立用能预算或碳预算的机制，对新建、改建、扩建等项目进行碳排放评价，合理控制高耗能、高排放项目的建设和投产，确保重点行业碳排放的总量控得住，推动电力、钢铁、水泥、有色等重点行业尽早达峰。

在延长产业链、提升产品附加值方面，支持企业加强技术研发和改造，应用和推广新技术、新工艺、新流程、新材料，提升产品科技含金量，不断提高传统产业先进产能的比重；引导产业向价值链高端延伸或转移，从初级产品基础加工向上游的技术研发、产品设计以及下游的产品深加工、各类服务等方向扩展，提高产出的附加值。此外，还可以帮助企业加强品牌建设和扩大宣传，提升企业软实力，增加产品价值。

我国碳达峰、碳中和战略为产业链延伸提供了新的方向。以制造业城市为例，结合地方现有制造产业的基础与优势，基于全国各地在产业升级和能源转型过程中产生的大量装备制造方面短中长期需求，包括传统工艺流程升级、节能降碳改造、风力和光伏发电、新能源汽车制造、制氢储氢设备、碳排放监测等，实施延链、强链策略，打造碳中和高端制造产业集群，在新一轮发展浪潮中占领碳达峰、碳中和产业价值链制的高点，为城市发展创造新的经济增长点，同时也为全国其他地方实现碳达峰、碳中和输出关键产品，提供硬核支撑。

2.发展战略性新兴产业

战略性新兴产业代表新一轮科技革命和产业变革的方向，是培育发展新动能、获取未来竞争新优势的关键领域。我国战略性新兴产业包括新一代信息技术产业、高端装备制造产业、新材料产业、生物产业、新能源汽车产业、新能源产业、节能环保产业、数字创意产业、相关服务业9大领域。从碳的视角，这些产业相较于传统产业，是碳生产力更高的产业，即以更少的碳排放和能源消耗带来更高GDP产出的产业。

发展战略性新兴产业，应加大政策扶持力度，完善配套发展机制，引导产业向园区集聚发展，发挥规模效应。除此之外，应特别注意立足地方经济发展特色和能源资源禀赋，最大化挖掘和发挥地方优势，有选择、有重点地引入和发展战略性新兴产业，这样才能更好地与原有经济体系进行协同，带动老产业、推动新产业更好发展，为地方产业结构转型、经济高质量发展注入动力。

以海南省某服务型城市为例，其特点是旅游资源与海洋资源丰富，因此发展战略性新兴产业应从其资源优势入手，重点包括两方面：一是构建绿色低碳现代大旅游产业体系，发挥生态资源优势，促进旅游业与"农、文、体、海、商、医"六大相关产业融合，发展以旅游业为龙头的现代服务业，打造旅游大数据产业链和智慧旅游创新业态；二是发展海洋空间信息产业，开展海洋监测、港航管理、船用电子、海岛开发、微小卫星制造、航空航天遥感器研发、海洋多维数据接收处理、海洋遥感关键技术等海洋空间领域研发及产业化应用。

以山西省某资源型城市为例，其特点是煤炭、矿产资源丰富，装备制造基础良好，且正处于能源低碳转型期。因此发展战略性新兴产业可依托资源和产业基础，并结合经济发展与能源转型需要，重点从以下三方面着手：一是打造清洁能源产业集群，构建以光伏装备、氢能装备、储能装备为主的新能源装备产业体系，打造从技术研发到装备生产制造再到装备销售的全产业链；二是建设具有省内较强竞争力的装备制造基地，依托市内装备制造产业园，重点打造轨道交通装备、煤机装备、新能源汽车、通用航空四大制造业态，集中力量突破一批关键技术和研发一批重大装备产品；三是发展新材料产业，依托本地矿产和优势产业，发展以镁合金、化工材料为主的先进基础材料和以高性能纤维及复合材料为主的关键战略材料，积极发展以石墨烯为主的前沿新材料。

3.发展现代低碳服务业

我国在《中华人民共和国国民经济和社会发展"十四五"规划和二〇三五年愿景目标纲要》中提出，聚焦产业转型升级和居民消费升级需要，扩大服务业有效供给，包括推动生产性服务业融合化发展、加快生活性服务业品质化发展、深化服务领域改革开放3个方面。服务业同样是碳生产力较高的产业，GDP中服务业占比的提升，将有效促进地方碳排放强度的下降。

此外，碳达峰、碳中和战略同样为地方发展服务业提供了新的方向。我国各地方、各行业在全面推进碳达峰、碳中和战略的过程中，将持续产生大量服务类需求，以支撑地方政府和重点企业开展各类具体工作确保其如期完成目标。这些服务包括政策研究、标准制定、规划设计、创新研发、技术专利服务、交易与金融服务、标准评价认证等方方面面的内容，足以形成一个新的服务产业集群。对于相关需求较旺盛或服务业优势较明显的城市，可以有选择性地引入、聚集上述高端服务业企业，打造碳中和服务产业示范基地，构建具有本地特色的碳中和服务产业链，在服务本地需求的同时，对外输出低碳发展、节能增效、碳金融等多方面的产品与解决方案，推动本地和周边地区实现碳达峰、碳中和目标。

专栏6-2　我国西南地区某省实现碳达峰目标的产业体系转型思路

（一）积极化解过剩产能

坚持市场倒逼与政府支持相结合的原则。充分发挥市场机制作用和更好地发挥政府引导作用，用法制化和市场化手段化解过剩产能。从严控制新增钢铁、煤矿产能项目，控制超能力生产，对超能力生产的煤矿，一律责令停产整改。落实产能等量或减量置换措施，严控铜、铅、锌、锡冶炼，严控电石、焦炭、黄磷新增产能。加大落后产能排查，严格执行环境保护、能耗、质量、安全、技术等法律法规和产业政策，对环保、能耗、安全生产达不到标准和淘汰类的煤炭、钢铁、有色、水泥、铁合金、焦炭等行业产能要依法依规有序退出，全面清理违法违规产能。鼓励支持钢铁、水泥等行业龙头企业围绕主业和优势集聚，开展跨地区、跨所有制兼并重组，进一步提高产业集中度。积极推动国际产能合作，鼓励有条件的企业面向南亚、东南亚辐射中心建设，通过开展国际产能合作搬迁转移部分产能，实现互利共赢。

（二）改造提升传统产业

围绕创新能力建设、技术装备升级、品牌质量提升、提高电气化率、降低资源能源消耗、减少污染排放、提高规模效益等重点，支持冶金、化工、建材、轻纺等领域重大技术升级改造,增强产业竞争力。深度融合智能制造,加快冶金、化工、食品等行业的智能化改造,加快煤炭、危险化学品、食品、农药等重点行业智能检测监管,提高企业精益生产和管理水平,促进企业生产效率和效益的提升。推进钢铁、有色、化工等传统制造业质量和能效提升、清洁生产、循环利用等专项技术改造。推进多元化制造资源有效协同,提高产业链资源的整合能力,提升传统优势产业的质量水平和持续发展能力。

(三)加快培育重点产业

着力推进生物医药和大健康、旅游文化、信息、现代物流、高原特色现代农业、新材料、先进装备制造、食品与消费品制造8大重点产业。以现代生物、电子信息和新一代信息技术、新材料、先进装备制造等战略性新兴产业为突破口,结合提升电气化率战略导向,加快培育新的经济增长点。强化重点产业的企业主体培育,加快在各产业领域形成一批龙头骨干企业、一批专业化小企业、一批规模化企业集群。强化重点产业的项目储备实施,对列入重点产业项目培育工程包的项目,在同等条件下优先办理相应审批手续,实施三级联动推进。强化重点产业的园区集聚发展,按照绿色生态、创新引领的要求,优化园区布局和功能定位,完善园区基础设施,健全务实高效的管理机制,使园区成为产业集聚发展的主阵地。

▶第三节▶能源体系低碳转型▶

如前所述,能源供给侧结构调整是实现碳达峰、碳中和的关键路径之一,其中最主要的就是发展非化石能源,通过应用非化石能源,使得用能与排碳脱钩。根据《中共中央　国务院关于完整准确全面贯彻新发展理念做好碳达峰碳中和工作的意见》,非化石能源消费比重在2025年达到20%左右,2030年达到25%左右,2060年达到80%以上,这意味着我国现有的能源体系和供给格局将彻底转变。当然,非化石能源占比从现在的不到20%到未来的80%将用40年的时间来完成,而我国大部分服役煤电机组时间尚短,不可能在未来10年内大量退出,需要循序渐进。因此,在现阶段能源体系转型的过程中,除了发展非化石能源，还要合理控制化石能源消费并推动其清洁高效利用。例如，天然气相对于煤炭和石油，是碳排放较少、相对清洁的化石能源，在现阶段，通过合理引导天然气的消费，替代煤炭与石油，也是降低碳排放的有效措施。

国家在《2030年前碳达峰行动方案》中已经给出了能源领域低碳转型的大方向与主要措施。本节将结合部分城市的低碳实践，总结常见具体措施。

1.严格控制煤炭消费

落实煤炭消费总量控制目标任务，将总量控制目标向区县和相关部门分解，定期跟踪目标完成情况，确保工作落实到位。严控新增高耗煤项目产能，重点是严控或严禁煤炭、钢铁、水泥熟料等产能过剩产业新增产能，加快淘汰落后产能和化解过剩产能，严格执法，减少产能过剩行业的煤炭消费量。加快煤炭清洁高效利用，推广使用洁净型煤，提高煤炭热值，加大老旧设备改造力度，推广新型水煤浆、高效煤粉型锅炉等。推进燃煤电厂超低排放技术改造，提高高效大容量机组发电利用率，减少低效小机组运行时间，提高能源利用效率。

2.合理引导天然气消费

完善城镇燃气公共服务体系，加快燃气老旧管网改造，在条件适宜的北方城市采用天然气取代散烧煤进行冬季供暖。推进燃气下乡，支持建设安全可靠的乡村储气罐站和微管网供气系统。鼓励发展天然气调峰电站，包括在用电负荷中心新建以及利用现有燃煤电厂已有土地、已有厂房、输电线路等设施建设天然气调峰电站，在风电、光伏等发电端配套建设燃气调峰电站，提升电源输出稳定性。提高天然气在公共交通、货运物流中的比重，重点发展公交出租、长途重卡以及环卫、场区、港区、景点等作业和摆渡车辆，并在高速公路沿线、交通客运枢纽、现有公交场站等地合理规划和建设加气（注）站。

3.积极发展光伏和风力发电

因地制宜科学合理确定本地光伏和风电开发模式。在有条件的地区推进光伏发电、风电基地化规模化开发，打造大型新能源供应基地。在采煤沉陷区、荒漠化沙化石漠化地区等综合治理工作中，优先考虑建设光伏电站基地。进一步挖掘城乡分布式光伏的开发潜力，以公共机构、工商业厂房、农村住宅屋顶、交通枢纽场站为依托，开发分布式光伏项目；引导各方共同探索设计合理可行的商业模式，促进分布式光伏项目可持续建设运营。创新"光伏+"模式，结合城乡需求和特色发展农光互补、渔光互补、牧光互补等模式。

专栏6-3　国家电投江苏蒋巷村光伏及风力发电项目案例

国家电投在江苏蒋巷村开展以可再生能源建设为主要内容的"零碳村庄"建设，助力乡村地区生态、生产、生活全面发展。该案例为其他农村地区开发建设可再生能源项目提供了有益参考。

光伏建设采用整体开发的思路，集成多样化光伏形态，实现太阳能最大化利用，具体建设内容主要包括：

√在全村公共设施屋顶、钢构厂屋顶建设光伏发电系统

√在生态公园绿地区建设光伏树

√在公园景观廊道建设光伏发电步道

√与景观长廊相结合建设光伏长廊

√改造现有停车场，建设"光储充"一体化充电站

风力发电建设的主要内容是在民宿文化园沿景观河道建设模块化低速风机，实现风能分散式利用。

4.发展和探索其他非化石能源

因地制宜发展生物质发电，包括分布式农林生物质热电联产、城镇生活垃圾焚烧发电、沼气发电等。采用生物天然气、生物质成型燃料探索应用燃料乙醇、生物柴油等生物液体燃料进行供热。有条件的地区开展清洁能源制氢研究，丰富氢能源技术应用场景，培育氢能产业。开展地热能、潮汐能、波浪能、海流能、海水温差能等新能源发电技术的研发与应用探索。

▶第四节▶重点领域节能降碳▶

推动工业、建筑、交通等能源消费侧重点领域节能降碳，实现绿色低碳发展对碳达峰、碳中和目标的实现同样非常重要，对能源供给侧的结构调整也具有很强的促进作用。尽管从整体来看可再生能源的应用对降低碳排放的贡献非常之大，但并不是每个城市都适合大规模开发可再生能源，需要根据本地的光照、风能等资源禀赋和可开发空间决定可再生能源的发展模式。此外，可再生能源的发展还需要匹配电力系统的调节能力、储能的发展、电力体制改革的进度等。因此，在现阶段，重点领域的节能改造、提升能效是绝大多数区域可以开展的更直接、更落地的降碳举措。对于工业特别是重工业城市，节能降碳的重点应放在排放总量大、集中度高的重点行业和企业上；对于以服务业为主的城市，则需要更为精细化的管理和数字化的工具手段，有序推动建筑和交通领域节能增效。

国家同样在《2030年前碳达峰行动方案》中提出了工业领域、城乡建设领域、交通运输领域绿色低碳发展的大方向与主要措施。本节将结合部分城市的低碳实践，总结常见具体措施。

1.工业领域节能增效

在能耗双控目标体系下,探索建立用能预算管理制度,在一定范围内设置用能总量,年度用能不得突破该总量,合理控制企业和项目新增用能;同时探索建立或深化用能权交易机制,实现更高效的资源配置。

落实工业节能监察相关要求,抓好重点企业、重点用能设备的节能监管,对钢铁、有色金属冶炼、石化化工、建材等重点行业企业开展全面梳理排查,建立重点企业能源消费情况台账。

引导企业开展节能诊断工作,针对企业主要工序工艺、重点用能系统、关键技术装备、能源管理体系等方面进行诊断,摸清企业能源利用情况与能效水平,分析并挖掘节能潜力;梳理掌握排放量大且存在一定降碳空间的企业,作为近期节能增效工作重点。鼓励企业应用国家推荐的节能技术、低碳技术,提高能源管理水平,对企业节能改造进展及效果进行跟踪评价,对改造效果好、能效水平高的企业予以奖励。

推动工业企业,特别是高能耗企业进行智能化、数字化改造,运用工业互联网技术,对工艺流程进行精细化管理,对能源资源消耗进行实时监测,提高企业生产效率,同时提高企业资源产出率。

专栏6-4　钢铁、水泥、电解铝行业主要碳排放控制手段

钢铁行业

- 能效提升:在指定工艺路线下进行技术改造,提高能源使用效率,尽可能降低指定工艺线的吨钢能耗,这是钢铁现阶段的主要降碳手段;
- 电炉炼钢:即加强对废钢的回收利用,以短流程电炉炼钢工艺替代长流程高炉-转炉炼钢工艺,这是钢铁行业大幅降碳、实现碳中和目标的重要手段之一;
- 绿氢炼钢:利用可再生能源制氢,用氢气替代焦炭和一氧化碳作为还原剂,这是钢铁行业大幅降碳、实现碳中和目标的重要手段之一;

- 使用生物质能源替代：用生物质能源替代化石燃料；
- 采用碳捕集、利用与封存（CCUS）技术：在高炉-转炉工艺和直接还原铁工艺中，使用CCUS技术，清除化石燃料产生的碳排放。

水泥行业

- 技术节能：通过水泥窑协同处置废弃物技术、生物质燃料替代技术、节能粉磨技术、高能效熟料烧成技术、燃烧系统改进技术、低温余热发电技术等实现能源效率提升；
- 管理节能：通过水泥窑节能监控优化、能效管理技术和数字化平台等提高管理水平和生产效率；
- 优化能源结构：提高生物质、替代燃料的应用比例；
- 研究低碳水泥：研究应用如镁-硅酸盐、碱/聚合物水泥、火山灰水泥等新水泥物质，减少或消除所用矿物原料的碳含量；研究开发水泥用量较低的新的混凝土物质，减少水泥使用量，降低碳排放，该技术尚处于探索和研究过程中；
- 推进CCUS技术在水泥行业的应用：开展CCUS相关技术研发、设备研发，提前储备和布局，但目前其商业化应用尚不成熟。

电解铝行业

- 优化能源结构：提高可再生能源电力使用比例，企业可选择可再生能源丰富的地区建厂，投资或建设可再生能源电站；
- 削减过程排放：采用惰性电极替代碳阳极；
- 发展循环经济：推动废铝回收再利用生产原铝，打造铝废料闭环回收体系，提升铝资源循环利用水平；
- 探索应用CCUS技术。

2.城乡建设领域低碳发展

将碳达峰、碳中和作为城市更新的重要目标和方向之一，严格控制新增建设用地，合理控制新建建筑规模，并把绿色低碳节能作为建筑存量改造提升的基础要求。推动乡村振兴与碳达峰、碳中和相互推动、促进，一方面在实施乡村振兴战略过程中落实绿色低碳要求，另一方面通过开展碳达峰、碳中和各项工作，推动农村经济发展和农民生活改善。

推动既有建筑节能改造，以公共机构为重点，提升建筑能效水平，发挥示范带动作用。推广集中供热，拓展多种清洁供暖方式，推进燃煤锅炉节能环保综合改造、燃气锅炉低氮改造等，因地制宜推动北方地区清洁取暖。实施中央空调改造，运用智能管控、多能互补等技术实现能效提升，建设绿色高效制冷系统。开展既有建筑围护结构、照明、电梯等综合型用能系统和设施设备节能改造，提升能源利用效率。

专栏6-5　公共机构碳达峰主要目标和任务

公共机构具有排放总量大、强度高、权属明确、管理集中的特点，具有较大的节能潜力和较好的示范引领效果，是建筑领域推动节能改造工作的首选对象。国家机关事务管理局、国家发展改革委等部门先后印发了《"十四五"公共机构节约能源资源工作规划》《深入开展公共机构绿色低碳引领行动促进碳达峰实施方案》，提出了公共机构绿色低碳发展、实现碳达峰的主要目标和重点任务。

公共机构碳达峰相关主要目标包括：到2025年，全国公共机构年度能源消费总量控制在1.89亿t标准煤以内，二氧化碳排放总量控制在4亿t以内，在2020年的基础上单位建筑面积能耗下降5%、碳排放下降7%，有条件的地区2025年前实现公共机构碳达峰、全国公共机构碳排放总量2030年前尽早达峰。

公共机构碳达峰5大任务20项行动：1）加快能源利用绿色低碳转型；2）提升建筑绿色低碳运行水平；3）推广应用绿色低碳技术产品；4）开展绿色低碳示范创建；5）强化绿色低碳管理能力建设。

不断提升绿色建筑占比。要求城镇新建建筑全部执行绿色建筑标准，推动既有建筑通过节能改造达到绿色建筑标准。推广绿色建筑评价标识和建筑能效评估标识，有条件的城市实现绿色建筑集中连片推广，创建绿色建筑示范区并予以政策倾斜。加强绿色建筑运营管理，确保各项绿色建筑技术措施发挥实际效果。因地制宜研究并开展超低能耗、近零能耗建筑示范，总结技术路线和建设经验。

加强建筑领域可再生能源应用。加大太阳能、风能、地热能等可再生能源和热泵、高效储能技术推广力度，推进太阳能光伏、光热项目建设，提高可再生能源消费比重。顺应电气化发展趋势，建设电网友好型建筑，合理配置储能系统，通过直流供电和分布式蓄电技术提升建筑负载柔度。

专栏6-6 雄安新区超低能耗绿色建筑主要节能措施

1.维护结构节能技术

● 非透明围护结构措施：外墙采用300 mm厚岩棉条，屋面采用400 mm厚挤塑聚苯板，地面采用200 mm厚挤塑聚苯板，与土壤接触的地下外墙基础、柱子基础外粘贴200 mm挤塑聚苯板保温；

● 外窗及外门措施：外窗采用木索结构窗，三层玻璃加暖边充氩气双LOE，铝包木窗加暖边；

● 立面和屋顶遮阳：南立面采用带光感追踪、自动调节的机翼遮阳板，屋顶采光窗采用遥控活动外遮阳系统；

● 关键热桥处理措施：外墙保温采用单层岩棉条保温粘贴加断桥锚栓固定施工体系，外窗、外门采用悬挂式外挂安装方式，管道穿外墙部位预留套管及足够的保温间隙；

● 气密性处理措施：该建筑为钢结构，内部抹灰层作为气密层，不同构件连接处采用特殊的密封胶带粘贴。

2.高效热回收新风系统

● 新风热回收系统采用全热回收装置，对新风进行冬季加热、夏季除湿，热回收装置的显热回收效率为75.76%。

3.暖通空调和冷热源系统

● 空调系统：采用集中新风+风机盘管的空调系统，其中新风系统承担部分室内冷热负荷，风机盘管作为辅助供冷供暖方式，在夏季及冬季极端天气下开启；

● 冷、热源系统：新风和风机盘管的冷热源来自地源热泵机房；

● 自动控制系统：采用直接数字式监控（DDC）系统进行集中远距离控制和程序控制，水泵、风机等采用变频控制。

4.照明及其他节能技术

● 光源：采用高效LED节能光源和灯具，公共照明采用声光控灯、火灾时强启。

5.可再生能源利用技术

应用光伏发电系统（年发电量约为11万kW·h）和地源热泵系统，清洁能源利用率约为54%。

6.监测与控制

● 应用BIM技术进行运维管理，监控空调系统（冷热源系统、输配系统、末端系统）、照明系统，监测用电量、用水量及温湿度、CO_2浓度、$PM_{2.5}$浓度等舒适性指标，进行用能诊断，支撑节能策略制定。

3.交通运输领域绿色发展

大力发展公共交通。完善公共交通管理体制机制，推动城市轨道交通、公交专用道、快速公交系统等公共交通基础设施建设，强化智能化手段在城市公共交通管理中的应用，提升公交线网运行效率。

完善慢行交通系统。逐步建设自行车专用道网络，优化自行车行车环境，利用不同铺面材料分隔机非交通流，加强自行车交通管理。完善公共自行车租赁系统网点建设，有序引导共享单车发展。打造高品质公共空间，规划建设覆盖全域、连接城乡以及兼顾生态保护与改善民生的慢行绿道。

推广清洁能源和新能源车辆。政府机关、公共机构及企事业单位带头使用清洁能源和新能源汽车，推动公交、环卫、出租、通勤、城市邮政快递作业、城市物流等领域新增和更新车辆采用新能源汽车，引导公众选择购买清洁能源和新能源汽车。鼓励停车场安装充电基础设施并提供免费停车位，新建商业综合体及住宅小区必须配备充电基础设施，积极探索可行的商业模式，推动新能源汽车充电设施规模化建设，为新能源汽车推广应用奠定基础。

加强绿色出行宣传和科普教育。开展绿色出行宣传月活动及"无车日"活动，引导公众选择绿色出行，进一步提高公交、地铁、自行车、步行等绿色交通方式的出行比重，力争在城市中营造绿色出行成为时尚的良好氛围。

专栏6-7　某省推动城市交通绿色化发展思路

(一) 优先发展城市公共交通

　　深入贯彻落实公交优先理念，加快构建以"公交车为主、出租车为辅、步行和自行车为补充"的优质高效城市公共交通服务体系，引导公众出行方式向低能耗、高效率的公共交通转变。持续开展"公交都市"和"公交优先"示范城市创建活动，进一步加密公交线网，完善城乡公交网络，提升线网覆盖率；适度调整优化现有路网，提升线路的有效利用率；推进城市轨道交通、快速公交系统、城市公交专用道等快速通勤系统基础设施建设，加强各类公共交通方式配合衔接，建设零换乘交通枢纽。发展非机动车专用道和行人步道等城市慢行系统，结合新建或改建城市道路设置更完善的自行车专用道和人行道；完善公共自行车服务系统和鼓励共享单车发展，布局规划和建设公共自行车和共享单车停放设施。

（二）推广节能环保运输装备

加快节能与清洁能源装备在城市交通中的应用，积极开展公共汽车、出租车、公务车等新能源应用试点，推进营运客货车辆、城乡公交车辆"油改气"，积极推广混合动力和纯电动汽车，完善加气、充电等配套设施。加快淘汰高能耗、低效率的老旧车辆，加快提升车用燃油品质，全面推行机动车环保标志管理，提高柴油在车用燃油消耗中的比重。提升运输装备大型化、专业化、标准化水平，加快发展适合高等级公路的大吨位多轴重型车辆，以部分城市公交都市建设为示范，鼓励发展低能耗、低排放的大中型高档客车。大力调整船舶运力结构，依托船型标准化工作，加快淘汰能耗高、污染大的老旧船舶与落后船型。极积推进内河水运绿色发展，优化码头装卸设备结构，加快港口装卸机械技术升级改造，加快淘汰高耗能、低效率的老旧设备。

（三）推广绿色交通运输技术

开展交通基础设施建设、养护和运营管理领域的绿色技术推广应用，在公路新建、改建、扩建及大修工程中，推广应用厂拌乳化沥青冷再生技术、路基及路面再生施工技术、温拌沥青技术、耐久性路面建设技术等节能减排技术，加大天然气沥青拌合站推广应用；继续推进农村公路绿色循环安保工程，充分利用塑料桶等废旧材料替代原浆砌防护设施，促进废旧资源循环利用。强化城市客运车辆和营运客车节能减排技术推广应用，从车辆替代燃料与新型动力的推广应用、在用车辆管理与监测、维护与保养等方面，提高城市客运车辆和营运客车节能减排的整体水平。

▶第五节▶提升生态系统碳汇能力▶

统筹推进山水林田湖草的系统治理、提升生态系统碳汇能力是实现碳中和目标的必要路径，同时也是保护和改善生态环境的有效抓手，助力实现碳汇增加、环境保护、生态修复等多重目标。

1.增加森林碳汇能力

推进大规模国土绿化行动，扩大森林蓄积量，开展植树造林和森林经营，实施天然林资源保护工程、退耕还林工程、封山育林工程等森林碳汇提升工程。

推进重点生态治理修复工程，加强重点生态功能区、生态脆弱区的生态系统修复，加强退化森林和残次林修复，逐步培育为常绿阔叶林、混交林、复层林、异龄林，提高生态系统稳定性。加快矿区、破损山体和灾毁林地生态治理和植被恢复，加强石漠化治理。

严格执行林地定额管理和用途管制制度，减少林地无序流失，确保林地保有量和森林保有量实现"双增"。严格执行并合理分解采伐限额，规范限额管理政策措施，完善采伐指标分配制度，改进集体林采伐作业监管方式。

加强森林生态监测评价体系建设，建设自然生态状况监测评估信息系统、森林生态系统服务功能监测示范站等。

专栏6-8　顺昌森林生态银行开发"一元碳汇"案例

"一元碳汇"是顺昌森林生态银行开发的首个碳汇扶贫项目，该项目依托森林生态银行实施森林精准提升工程，通过将贫困村（户）所拥有的林木纳入项目并优化提升碳汇林管理，测算森林管理产生的碳汇量，按1元/10kg的价格，在线上平台进行认购。公众认购的碳汇资金，将进入专门的公益账户进行分级管理，并最终按平台交易的实际碳汇量落实到具体的林民或村集体。"一元碳汇"项目运用市场化手段将全县部分贫困户的林木资源纳入项目实施地，做到不砍树也致富，形成生态补偿助力脱贫攻坚和乡村振兴的新动力、新机制。截至2021年4月，全国各地2 000人次及多家机构参与"一元碳汇"项目，认购碳汇量3 500多t，购汇金额近40万元。

"一元碳汇"项目基于不同年份森林蓄积量数据，通过数学模型，换算得到林木生物量，进而计算其碳储量，并扣除因林木枯损、森林火灾时产生的碳排放，得到不同种类树木的碳汇量。根据测算，杉木每年每亩可产生碳汇量约0.776 t、马尾松约0.609 t、阔叶树约0.618 t、毛竹约0.092 t。

基于"一元碳汇"项目，顺昌县人民法院创新打造"碳汇+生态司法"模式，要求被告人自愿认购"碳汇"公益项目，替代修复被其破坏的生态环境。

通过将生态代偿修复理念融入"一元碳汇"扶贫项目，突破"复绿补种""生态修复资金"限制，打通青山"变现"的司法途径。

目前，"一元碳汇"项目不断丰富应用场景，正因其创新并可复制的解决方案为其他地方提供了绿色低碳发展的"有益实践"，顺昌县"森林生态银行"及"碳汇+"创新项目荣获2021年"保尔森可持续发展奖自然守护类别"年度大奖。

2.提升其他生态碳汇能力

增加湿地碳汇。扩大湿地面积，在城镇周边及通风廊道上，利用现有坑塘等，打造人工湿地，增加湿地面积。加强湿地生态修复与建设，进一步完善湿地保护管理体系，实施湿地保护项目，增强生态系统循环能力，维护生态平衡。加强湿地生态监测体系，及时掌握湿地生态特征的变化情况并科学地采取应对措施，通过营建和优化人工湿地，加强湿地生态系统固碳功能。

加强城市绿化建设。完善城市绿地系统，合理布局绿化用地，明确城市建成区绿化覆盖率、城市绿地率、人均公共绿地面积等目标。因地制宜、合理布局各类公园和绿地，丰富城市景观，对城市绿化盲区，以"见缝插针"原则安排街头绿地和小游园，实施拆临拆违建绿、拆墙透绿、小区垂直绿化。推进城市生态修复，对城市受损山体、水体和废弃地等进行科学复绿。加强绿道网络建设，实现城乡绿地连接贯通，推进中心城区、老旧城区绿道建设，为城市居民绿色出行提供便利。

提升海洋碳汇能力。沿海城市应开展海洋生态系统保护修复行动，包括对重要珊瑚礁、红树林和海草床等典型生态系统的保护修复行动，开展退养还海、退养还滩等行动。加强海洋生态监测评价体系建设，建设海洋监测评估信息系统、海洋生态系统服务功能监测示范站等。

专栏6-9　海洋是地球生态系统重要的碳库

2009年，联合国环境规划署、联合国粮农组织和联合国教科文组织政府间海洋学委员会联合发布《蓝碳：健康海洋固碳作用的评估报告》，确认了海洋在全球气候变化和碳循环过程中至关重要的作用，并重点关注海草床、红树林、滨海盐沼三大海岸带生态系统，指出它们具有固碳量巨大、固碳效率高、碳存储周期长等特点。《2006年IPCC国家温室气体清单指南的2013年补充版：湿地》给出了海草床、红树林、滨海盐沼三大蓝碳生态系统清单编制方法，各缔约国可按照该方法将蓝碳纳入本国的温室气体清单。近年来我国实施了"南红北柳""生态岛礁""蓝色海湾"等生态修复工程，有效遏制海洋生态环境恶化趋势，提高海洋保护利用的效率和质量，进一步提升了海洋生态系统碳汇增量。

3.探索基于自然的解决方案

充分结合城市自身生态特点和优势，探索以基于自然的解决方案（Nature-base Solution，NbS）开展各类生态工程，包括生态治理修复、绿色公共空间建设、自然保护区管理、生态系统管理等，可覆盖从规划设计到建设实施的全流程。解决方案的思路可参考借鉴由自然资源部牵头编制的《基于自然的解决方案中国实践典型案例》，该材料涵盖了官厅水库流域治理、贺兰山生态保护修复、云南抚仙湖流域治理、内蒙古乌梁素海流域保护修复等10个分布在我国东、中、西部不同经济发展水平地区的代表性案例。

▶第六节▶倡导全民低碳行动▶

碳达峰、碳中和目标的实现离不开企业、公众等社会各参与方的大力支持和共同行动，因此通过能力建设、宣传推广、机制创新等方式推动全民绿色低碳行动、形成绿色社会风尚十分必要，"绿色低碳全民行动"也被纳入我国2030年前碳达峰行动方案中的"十大行动"之一。

1.加强政府及企业能力建设

整合地方与国内外的专家资源和一线实践人员，开展分阶段、分层次、多方式的专业化培训，为地方推动碳达峰、碳中和各项工作提供技术指导和人才支撑。面向各级主管部门管理人员，开展以碳达峰、碳中和为主题的综合能力培训，包括国内外形势背景，国家与地方的政策和实践，碳达峰、碳中和的基础知识及优秀实践等；面向重点企业的管理人员，开展企业碳管理能力综合培训，包括碳达峰、碳中和国家与地方的政策和实践，企业碳达峰、碳中和管理与决策，国内外企业领先实践等；面向重点企业的技术人员，开展实操性的技术培训，包括碳达峰、碳中和的政策背景，重点企业排放报告要求，碳市场基本情况，核算和报送行业标准，履约流程等。

开展多渠道、多层次、多形式的碳达峰、碳中和合作交流。考虑到不同类型的地区特点差异较大，其达峰过程中所遇到的困难和问题也会不尽相同，对于一定地理位置范围内或者发展特点较为类似的地区，其达峰路径和政策措施往往具备较强的可比性和参考价值，可选择经济发展阶段、能源结构、地域特点较为相近的城市，组织碳达峰、碳中和工作交流会，分享困难挑战、实践经验与优秀案例，探讨如何以更低成本、更高效率实现碳达峰、碳中和。

2.加强低碳宣传力度

建立低碳意识普及长效机制。结合地方已有和正在开展的相关工作，重点依托低碳社区、低碳学校、近零碳排放示范区等试点示范以及碳达峰、碳中和相关管理服务平台等，建设线上线下相结合的碳达峰、碳中和宣传实践基地，作为碳达峰、碳中和先进实践的宣传窗口，群众接受应对气候变化基础教育的载体。围绕我国碳达峰、碳中和战略，制订教育计划，编制适合不同年龄阶段的教材和读物，将相关基础知识渗透到各级各类学校、社区中，定期开展碳达峰、碳中和主题教育课程与宣传活动，不定期开展集体参与的低碳实践活动。

开展标志性宣传活动营造低碳氛围。组织契合国家主题的宣传活动，在政府机关层面、企业层面、公众层面广泛收集、评选优秀低碳实践，并进行表彰与推广。宣传活动可充分结合地方历史、文化、经济等方面的特色，包括发布企业和公众低碳生产生活调查问卷，组织公众进行低碳生活体验与互动，参观当地园区、社区、景区、典型企业，在具有示范性的地点组织研讨会等。

3.推动低碳办公与生活

引导全社会低碳消费行为。各级政府和公共机构率先垂范低碳产品政府采购以引领低碳消费意识，并完善准入及采购的标准和操作细则。向公众和商户全面介绍低碳消费的相关知识，引导公众向不影响生活质量的低碳消费观念进步。在典型的商场、宾馆、餐饮机构、旅游景区等商业设施选择开展低碳经营试点，并对试点商业设施的情况进行追踪和分析，总结可以大规模推广的成功经验。通过低碳包装、回收利用、优化交易方式、物流调度智能化、探索性开展碳标签制度、提供更多的公共出行资源和可再生能源等间接推动个人消费低碳化。

鼓励公众践行低碳生活方式。开展低碳衣着活动，开展旧衣"零抛弃"活动和"衣物重生"活动，促进废旧纺织品在建筑建材、汽车、家居装潢等领域的再利用。鼓励低碳饮食，大力推行"光盘行动"，开展全链条从仓储—运输—零售—餐桌的反食物浪费行动，全面实施餐饮绿色低碳外卖计划，统一和强化绿色有机食品认证体系和标准。倡导低碳居住方式，鼓励居民选用节能家电、高效照明产品、节水器具、绿色建材等绿色低碳产品，鼓励企业提供并允许消费者选择可重复使用、耐用和可维修的产品。支持发展共享经济，鼓励个人闲置资源有效再利用，完善社会再生资源回收体系。大力推广绿色出行，鼓励步行、自行车和公共交通等低碳出行方式，制定发布绿色低碳旅游公约和指南，鼓励景区、酒店等采取绿色低碳旅游奖励措施。

推动企业建设以低碳理念为导向的企业文化，以文化统领企业员工的低碳办公行为。编制企业低碳办公指导手册，规范低碳办公管理办法。建设低碳化办公环境，在办公用品采购上优先选购具有节能和低碳标识的产品，深化企业管理信息化、集成化手段，鼓励实现无纸化、智能化办公，提升办公效率、降低办公成本。推动央企带头支持、奖励员工低碳办公，为社会其他企业做出表率。

4.构建碳普惠机制

碳普惠机制是一种以制度和标准为依托、以运营平台和管理系统为支撑、以公众低碳应用场景为载体的创新运营机制，旨在培育引导全社会形成低碳生活方式、消费模式。

建立碳普惠制度与技术标准。结合地方实际，选择合适的碳普惠机制应用范围，明确应用场景。制定相关标准和细则，形成减排量核算方法学和应用场景建设实施指南，设计碳积分产生的规则和流通规范，为碳普惠机制的实施提供操作指引和制度保障。

搭建软硬件基础设施。开发碳普惠小程序，采集社会公众或企业员工日常的低碳行为，进行碳减排量和碳积分的核算和记录，以及激励的兑换和发放。主管部门通过管理平台，开展后台管理工作，保障碳普惠应用场景有序、持续运营（图6-1）。

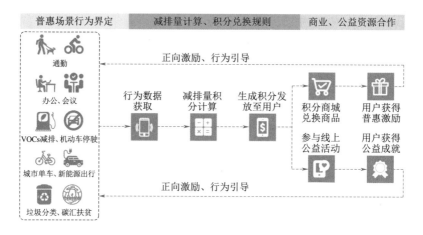

图6-1 碳普惠机制运行示意图

▶第七节▶做好各项支撑保障配套▶

碳达峰、碳中和战略的顺利有效推进，还需要配套实施各类支撑、保障措施，包括技术创新、试点示范、经济政策、市场机制、数据体系和数字化工具等多方面政策、机制、工具等，助力更加科学、系统、高效的开展各项工作，实现碳达峰、碳中和目标。

1.深化碳市场建设

碳排放权交易是一种有效促进资源优化配置的市场工具，也是地方推动企业节能降碳、低碳发展的重要抓手，能够帮助地方以更低成本、更高效率实现碳达峰、碳中和目标。地方政府应积极配合全国碳排放权交易市场建设，并鼓励支持纳入企业参与；对于未来与全国碳市场并行的地方碳市场，应持续深化建设。

积极参与全国碳排放权交易市场。一是建立工作机制，为积极配合全国碳市场建设，顺利参与全国碳市场运行，地方政府需建立起由主管部门负责、多部门协同推进紧密配合的工作机制；有条件的省市还可设立专家顾问委员会，邀请本地专家以及国家级专家担任顾问，为地方参与全国碳市场建设、数据报送核查以及配额分配等工作提供建议和技术支持。二是夯实数据基础，明确并动态更新纳入碳排放权交易市场的企业名单，督促和指导企业按年度制订碳排放监测计划；按照国家要求，组织第三方核查，建立健全重点企（事）业单位碳排放监测、报告和核查体系，推动重点企业年度碳排放报告与核查工作常态化。三是做好运营管理，地方碳交易主管部门需根据国家统一要求，对参与碳市场的纳入企业、投资机构、核查机构等责任主体进行全程监督和管理，建立评估机制，每年对碳市场运行情况进行整体评估和完善提升；省级主管部门还需协助国家主管部门做好配额预分配和调整工作。四是开展能力建设，可通过线下组织分层次培训、线上建立问答反馈机制，有计划、有针对性地开展市场参与主体能力建设工作；督促重点排放单位及时完成注册登记系统和交易系统开户；督促重点排放单位按时履约；鼓励企业主动披露碳排放信息。

持续深化地方碳市场建设。目前正处于全国与地方碳市场双轨并行阶段，即已被纳入全国统一市场的行业会退出地方碳市场，还未被纳入的行业仍在地方碳市场，参与地方碳市场的配额分配、交易和履约。在碳达峰、碳中和目标指导下，地方碳市场应作为各试点省市分解落实减排责任、实现碳排放控制的重要抓手，进一步深化建设，服务于当地的碳达峰、碳中和战略部署。主要深化的方向：一是扩大碳市场行业覆盖和参与主体范围，协助地方碳减排目标落实；二是继续优化配额分配方法，更大范围地采用基准线法并尝试配额有偿分配；三是改进碳排放监测、核算、报告和核查技术规范及数据质量管理；四是加强交易监管和履约管理，确保减排成效；五是完善有利于绿色低碳发展

141

的财税、价格、金融、土地、政府采购等政策，创新碳中和相关金融产品，为全国碳市场提供借鉴。

2.开展各类试点示范

积极申报碳达峰试点。2030年碳达峰行动方案中提出，选择100个具有典型代表性的城市和园区开展碳达峰试点建设，在政策、资金、技术等方面对试点城市和园区给予支持。该试点申报工作启动后，有条件、有基础的城市或园区可根据国家和所在省份要求积极申报碳达峰试点。通过试点建设，推进城市高起点、高质量落实碳达峰、碳中和战略，加快绿色低碳转型，力争早日实现碳达峰目标，也为全国其他同类城市提供可操作、可复制、可推广的经验做法。

创建碳中和先行示范区。对于基础条件或资源禀赋较好的城市，可以选择区县、乡镇、园区、社区或某个特定区域，面向产业、能源、工业、建筑、交通、农业、碳汇、金融等一个或多个领域，探索创新制度、机制、商业模式的实施，或国内外先进技术、数字化智能化平台等内容的建设。创建类型丰富、各有侧重的碳中和先行示范区，能够为城市实现达峰目标后迈向碳中和进行先行先试，积累有益经验。

支持企业碳中和示范行动。对于城市碳达峰、碳中和目标的实现，企业的参与不可或缺，特别是高耗能、高排放的企业。因此，企业的碳中和示范行动是城市碳达峰、碳中和行动的重要组成部分。地方主管部门可通过采取政策、资金、机制、技术、智力等方面的措施，支持并帮助企业开展各类碳中和示范行动。企业碳中和示范行动，可以是项目级的行动，也可以是整个组织的碳中和。以企业打造碳中和组织为例，首先应摸清自身碳排放家底，分析预测排放趋势，基于坚实的数据基础开展碳中和目标、路径、行动的研究，运用数字化、智能化工具开展碳中和管理，落实重点项目，推动技术研发，有计划、有条理、有步骤地推动各项碳中和示范行动。

开展气候投融资试点。生态环境部等五部门于2020年10月联合印发的《关于促进应对气候变化投融资的指导意见》中提出了"2022年气候投融资地方试点启动并初见成效，2025年基本形成气候投融资地方试点、综合示范、项目开发、机构响应、广泛参与的系统布局"的目标，以及"选择实施意愿强、基础条件较优、具有带动作用和典型性的地方，开展以投资政策指导、强化金融支持为重点的气候投融资试点"的任务。有意愿开展气候投融资试点的地方，应首先编制地区气候投融资试点实施方案，并择机申报成为生态环境部气候投融资试点地区。试点方案主要内容应在符合国家气候投融资试点工作要求的基础上，充分进行调查研究，分析本地区气候投融资工作基础、优势条件及面临的问题。按照国家相关规范要求，结合本地区产业发展实际，确定合理的气候投融资试点工作目标、重点任务及落实试点任务的有效措施。

3.加强技术与智力支撑

构建碳达峰、碳中和专家智库。结合本地碳达峰、碳中和工作的总体思路，明确专家智库建设的工作内容和纳入专家的选择标准，综合考虑地方的产业发展、能源结构特点，邀请研究方向吻合、了解地方情况、实践经验丰富的专家，力争覆盖政策咨询、技术指导和市场服务等方面。组织智库专家开展面向地方政府、重点用能企业的交流座谈，为地方产业升级、能源转型、低碳管理等"把脉问诊"、建言献策，为企业节能降碳、技术创新等的具体行动提供指导，为地方碳达峰、碳中和目标实现提供智力支持。

成立碳达峰、碳中和研究院。为更有效地支持地方开展碳达峰、碳中和相关工作，可在政府主管部门的指导下，由相关科研机构、企业等联合成立以碳达峰、碳中和为主题的研究院。研究院以支持地方各级政府主管部门的管理决策与实践工作为主要目标，可开展的工作包括地方碳达峰、碳中和目标和路径的研究规划，目标达成情况和工作开展成效的跟踪评估，政策和体制机制创新研究，技术交流和合作平台的搭建，能力建设和人才培养等。

打造碳中和技术孵化转移基地。重点关注以碳达峰、碳中和目标实现为导向，本地在产业发展和技术研发等方面具有一定优势的关键核心技术，抓住近期境外大量先进低碳技术借势进入国内的机会，建设以碳中和为核心方向的技术研发、科技孵化和成果转移转化基地，推动碳中和领先技术与解决方案的引入对接、本地化研发与落地应用；设立支持碳中和技术孵化的专项基金，完善配套服务体系，促进多种形式的产学研合作，为碳中和创新技术研发与产业化奠定基础，为地方经济发展助力赋能。

4.推动气候投融资发展

建立气候投融资统筹管理机制和体系。建议地方政府成立气候投融资工作小组，作为本地区气候投融资体系建设的顶层设计者，统筹管理相关建设工作，由生态环境主管部门统筹推进，协调本地区人民银行、发展改革委、财政部门、银保监会派出机构等各个部门开展合作，有利于气候投融资的快速、顺利推进。

构建本地区气候投融资标准。气候投融资相关标准将成为银行等金融机构发展气候投融资最坚实的基础，也为银行等金融机构气候投融资金融产品的设计提供重要依据。目前，我国在气候投融资方面尚未形成官方的或市场公认的权威标准，建议以我国现有的低碳标准体系和绿色金融标准体系为基础，构建本地区气候投融资标准，开展前期探索和地方实践。例如，根据本地区"十三五""十四五"期间主要的投资项目类型，从碳减排量、节能量、污染物减排量等指标设计气候投融资评估标准，用于识别气候友好项目。

建立气候投融资项目库。采用气候投融资评估标准识别出本地区的气候友好项目，并依次评级，建立气候投融资项目库。通过对本地区在建、拟建、储备项目等收录入库、汇总分析以及优化整合等，掌握本地区项目进展情况和气候友好程度。此外，为本地区相关金融和投资机构从事气候投融资业务提供引导，开放气候投融资项目库，组织金融机构和项目方开展投融资对接会，实现气候投融资资源的有效对接。

引导企业开展气候信息披露。加强气候信息披露工作，为金融机构和企业开展气候投融资活动提供参照和依据。引导和鼓励本地区企业开展气候变化信息披露，建立市场主体公开承诺、信息依法公示、社会广泛监督的气候信息披露制度，引导金融机构、大型企业和上市公司积极主动向公众披露气候和减排的相关信息，由本地区生态环境主管部门对气候信息披露流程加以监管，并提供相应的评估、认证和监管。

建立气候投融资支持平台。探索金融科技在气候投融资创新中的运用，借助互联网、大数据等技术建立本地区气候投融资综合信息平台，一站式发布气候投融资政策、市场相关信息，包括低碳发展项目库、气候投融资产品、低碳发展政策库、第三方认证和服务资源、企业气候与环境信息披露、市场分析研究等内容。同时，该平台汇集各类气候投融资信息，也可用于相关能力建设。

5.夯实碳排放数据基础

国家高度重视碳排放统计核算工作，专门成立碳排放统计核算工作组，负责组织协调全国及各地区、各行业的碳排放统计核算工作。统计核算工作组由国家发展改革委环资司和国家统计局能源统计司主要负责同志共同担任组长，成员单位包括科技部、工业和信息化部、财政部、自然资源部、生态环境部、住房和城乡建设部、交通运输部等。

可以说，完整准确的数据体系和完善规范的统计、核算、计量、监测、评价等配套制度是科学开展碳达峰、碳中和各项工作的基础。因此，摸清碳排放家底，持续跟踪碳排放实际情况，并运用数字化智能化工具进行分析与管理，是地方碳达峰、碳中和工作中的重要组成内容。

常态化开展温室气体统计核算工作，定期编制地市一级的年度温室气体排放清单，建立区县一级温室气体排放清单账本，并梳理地方纳入核查企业的能源消费与碳排放情况，全面摸清本市能源消费与碳排放家底。同时，加强上述基础数据与地方开展碳达峰研究核算数据的衔接，发挥其在地方峰值目标测算、评价考核、政策制定等的基础作用。

构建碳达峰、碳中和数据体系。完善碳达峰、碳中和统计指标体系及相匹配的温室气体基础数据体系，并将碳达峰、碳中和统计指标逐步纳入政府统计指标体系。整合经济、社会、空间、环境、资源等各领域数据，探索基于5G、物联网的碳排放在线监测方法，系统构建集能源生产与消费、温室气体排放和经济生产数据于一体的碳达峰、碳中和数据体系，为规划方案编制、减排政策制定、科学开展各项工作奠定数据基础。

搭建碳达峰、碳中和大数据管理平台。运用数字化工具和可视化技术，科学研判地方碳达峰、碳中和目标及相关指标，有效管理碳达峰、碳中和目标的分析预测、路径跟踪、政策与项目落实情况，体系化展示碳峰值、碳排放、碳强度、碳汇等核心指标和动态数据，并细化至区域、行业、园区、企业层面，同时向企业、公众提供可公开的统计数据和分析结果，为领导决策部署提供科学量化支撑，为产业升级、能源转型、技术孵化等相关企业机构提供工作所需的数据基础服务，为公众了解国家及本地碳达峰、碳中和目标实现，带来的效益，对生活的影响等提供官方渠道，也为地方碳达峰、碳中和工作成效提供宣传展示窗口。

国际应对气候变化谈判历程介绍

自20世纪80年代起，全球气候变化问题引起了科学界、各国政府和国际社会的普遍关注。1988年，联合国大会讨论了在马耳他提出的关于"气候是人类共同财富的一部分"的提案，并通过了"为当代和后代人类保护全球气候"的联合国大会第43/53号决议。

根据该决议，联合国环境规划署（UNEP）和世界气象组织（WMO）于1988年成立了政府间气候变化专门委员会（IPCC），研究气候变化的科学、影响及对策等问题，包括拟订气候变化框架公约的可能要素。自此，制定气候变化公约的问题成为各有关国际组织或会议经常讨论的重要议题，从七国首脑会议、环境规划署理事会到联合国大会，从政策与法律专家会议到专门的部长级会议，无不强调制定气候变化公约的重要性和紧迫性。

1989年，联合国大会通过第44/207号决议，要求联合国环境规划署和世界气象组织共同进行气候变化公约谈判的准备工作。1990年8月，政府间气候变化专门委员会撰写了第一次气候变化评估报告，并完成了对气候变化框架公约要素的拟订。随后，联合国环境规划署和世界气象组织举行政府法律专家组会议，着手公约谈判的实质性筹备工作。1990年12月，联合国大会通过第45/212号决议，决定在联合国大会的主持下成立政府间气候变化谈判委员会，在联合国环境规划署和世界气象组织支持下谈判制定一项气候变化框架公约〔《联合国气候变化框架公约》（以下简称《公约》）〕。《公约》于1992年6月在巴西里约热内卢举行的联合国环境发展大会（地球首脑会议）上，成为应对气候变化问题上的政府间合作和谈判的起点和基本框架，具有积极的历史意义。

在《公约》的形成过程中，有关各方展开了激烈的争论。当时的欧共体成员和其他大部分西方发达国家主张，公约应包含发达国家限制CO_2排放的时间表，而美国坚决反对将这样的减排义务写进条约。美国提出，应进一步推动科学研究和国际信息交换，以增进人们对气候变化问题的性质和威胁严重性的了解。在谈判中，中国和以77国集团为核心的广大发展中国家站在一起。发展中国家认为，由于发达国家对工业革命以来的大部分温室气体排放增加负有主要责任，因此发达国家应该在温室气体减排方面迈出实质性的第一步。然而一些发达国家特别是美国要求发展中国家进一步降低他们本不算高的温室气体排放水平，因此遭到了所有发展中国家的一致反对。

经过15个月的艰苦谈判，各国终于在1992年联合国环境发展大会前就《公约》文本达成妥协。《公约》开宗明义"承认地球气候的变化及其不利影响是人类共同关心的问题"，认为人类活动已大幅增加了大气中温室气体的浓度，这种增加增强了自然温室效应，将引起地球表面和大气进一步增温，并可能对自然生态系统和人类产生不利影响。而应对气候变化的各种行动本身在经济上是合理的，而且有助于解决其他环境问题。从这一点来看，《公约》是国际社会朝着共同控制温室气体排放的目标迈出的一大步，为以后漫长的国际气候变化谈判奠定了基调，确定了原则。

然而，相比欧洲国家和其他环境非政府组织的最初提案，《公约》文本的强制性色彩被大大弱化了。《公约》注意到在气候变化的预测中，特别是在其时间、幅度和区域格局方面，有许多不确定性。《公约》的目标是"将大气中温室气体的浓度稳定在防止气候系统受到危险的人为干扰的水平上，这一水平应当在足以使生态系统能够自然地适应气候变化、确保粮食生产免受威胁并使经济发展能够可持续地进行的时间范围内实现"，但条款本身并没有具体定义何为"危险"。

《公约》重申在应对气候变化的国际合作中的"国家主权"原则，同意各国根据《联合国宪章》和国际法原则，拥有主权权利按自己的环境和发展政策开发自己的资源，也有责任确保在其管辖或控制范围内的活动不对其他国家的环境或国家管辖范围以外地区的环境造成损害。

《公约》区分了工业化国家和发展中国家，这两类国家在应对气候变化问题上承担"共同但有区别的责任"。《公约》"注意到历史上和目前全球温室气体排放的最大部分源自发达国家；发展中国家的人均排放仍相对较低；发展中国家在全球排放中所占的份额将会增加，以满足其社会和发展需要"。《公约》在附件I中列举了35个工业化国家和一个区域经济一体化组织——欧洲共同体，这35个国家除了包括俄罗斯、乌克兰在内的苏联和中东欧地区11个"正在朝市场经济过渡的国家"外，还包括美国、澳大利亚、加拿大等24个经济合作和发展组织（OECD）成员国，这些国家被统称为"附件I缔约方"（Annex I Parties）。而世界上其他国家，大多数为发展中国家，则统称为"非附件I缔约方"（Non-Annex I Parties）。考虑到美国的反对，《公约》没有明确规定国家减排强制性目标和时间表，只是泛泛地要求附件I缔约方在20世纪末尽可能将他们的温室气体排放控制在1990年的水平并提供相关信息。《公约》要求发达国家向发展中国家提供资金以支付发展中国家履行义务所需费用。发展中国家仅承担提供温室气体源与汇的国家清单的义务，制定并执行含有关于温室气体源与汇方面措施的国家方案，不承担有法律约束力的限控义务。《公约》建立了一个向发展中国家提供资金和技术，使其能够履行《公约》义务的机制。由此可见，为了更多国家的参与，《公约》作为历史上第一个气候变化领域的国际法律文件，不仅没有规定对国家在温室气体控制方面的具体法律义务，相反，提出了相应的非集体性激励措施（如发达国家对发展中国家的

资金和技术援助)。

这一缺乏具体强制性法律义务的《公约》于1994年3月生效，成为历史上第一个旨在全面控制温室气体排放以应对全球气候变暖给人类经济和社会带来不利影响的国际公约。根据《公约》规定，每年举行一次缔约方部长级会议（COP）。截至1998年11月，总共有176个国家和地区（包括美国）在《公约》上签字。自从《公约》和议定书生效以后，各国围绕《公约》和议定书的履行，每年都要举行一次缔约方会议。

由于《公约》只是一项框架性法律文件，以西欧、北欧为首的发达国家不满《公约》没有对发达国家的温室气体减限排义务做出具体安排和规定，要求尽早对发达国家在《公约》下的义务进行量化谈判，制定包含发达国家具体温室气体减限排指标的议定书，同时也为发展中国家规定相应的减排义务。发展中国家反对通过制定议定书为其在《公约》之外规定新的义务。

在欧盟等发达国家的推动下，1995年《公约》第一次缔约方会议做出"柏林授权"，启动了在《公约》框架下制定新的法律文件的谈判进程，设立特设工作组，并要求于1997年完成谈判。"柏林授权"明确规定，新的法律文件将主要加强发达国家在2000年后应采取的温室气体减限排政策和目标，不得向发展中国家引入任何新的义务，但将促进各缔约方根据《公约》的规定而承担一般性义务。

1997年12月11日，《公约》缔约方第三次大会在日本京都举行，149个国家和地区的代表出席会议并通过了《京都议定书》(附图1-1)。《京都议定书》首次以国际法律文件的形式定量确定了工业化国家排放温室气体的限额，这成为《京都议定书》最引人注目的特点。《京都议定书》要求附件B缔约方（基本为《公约》中所列的附件I缔约方）以他们1990年的排放水平为基准，在2008－2012年将CO_2、CH_4、N_2O、

HFCs、PFCs、SF$_6$6种温室气体的排放量平均削减至少5%。不同的工业化国家承诺着不同的削减幅度，其中欧盟作为一个整体，和其他几个欧洲国家一道，将6种温室气体的排放量削减8%，美国削减7%，日本和加拿大削减6%。《京都议定书》允许澳大利亚增加温室气体排放8%，挪威增加1%，冰岛增加10%，俄罗斯、乌克兰、新西兰等国可以维持他们在1990年的排放水平，具体量化指标见附表1-1。就广大发展中国家而言，《京都议定书》仍没有规定明确的强制性减排目标，只是要求包括温室气体排放大国的中国和印度在内的发展中国家制定自愿削减温室气体排放目标。

附图1-1　1997年12月在日本京都举办的联合国气候大会会场

与1992年的《公约》相比，《京都议定书》除了为工业化国家规定了具有法律约束力的削减目标之外，还为各国低成本地履行减排义务专门引入了三种"灵活机制"（Flexible Mechanisms），以此来激励各方签署并批准《京都议定书》，参与这一新的国际环境制度，为增进气候变化领域的全球公共利益做出自己的一份贡献。谈判推动方创造性地将这三大灵活机制引入《京都议定书》，大大减少了谈判各方尤其是工业化国家之间的分歧与矛盾，为最终达成一致扫清了障碍。这三大极具特色的灵活机制，通常也被称为"京都机制"，分别包括排放贸易（Emission Trading，ET）、联合履行（Joint Implementation，JI）和清洁发展机制（Clean Development Mechanism，CDM）。"排放贸易"是指附件I缔约方在保证完成减排目标的前提下，可以将剩余的一部分排放额度用于交易，即出售给那些减排成本较高的工业化国家。根据《京都议定书》第17条规定，"附件B所列缔约方可以参与排放贸易，任何此种贸易应是对为实现该条规定的量化的限制和减少排放的承诺之目的而采取的本国行动的补充"。"联合履行"是指附件B国家可以在其他附件B国家里投资项目来减少当地的排放或增强吸收温室气体的能力，由此产生的排放减少单位可由双方共享。根据《京都议定书》第6条规定，"为履行第三条的承诺的目的，附件I所列任一缔约方可以向任何其他此类缔约方转让或从它们获得由任何经济部门旨在减少温室气体的各种源的人为排放或增强各种汇的人为清除的项目所产生的减少排放单位"。"清洁发展机制"的运作方式与"联合履行"相似，允许发达国家在发展中国家投资实施减排项目，以当地经过证实的减排数量（CER）来抵消发达国家自身的减排目标。"清洁发展机制"与"联合履行"是在项目基础上的减排合作机制，而"排放贸易"是对排放限额分配在全球范围进行贸易的市场机制。

　　由于《京都议定书》只是对"京都机制"做了框架式的规定，具体的执行细则留待后续的缔约方会议加以讨论和决定。《京都议定书》规定，"本议定书应在不少于55个《联合国气候变化框架公约》缔约方、包括其合计的CO_2排放量至少占附件I所列缔约方1990年CO_2排放总量的55%的附件I所列缔约方已经交存其批准、接受、核准或加入的文书之日后第九十天起生效"。议定书禁止各缔约方做任何保留。

在京都会议以后的谈判中，各方分歧仍十分尖锐。按照《京都议定书》的条款规定，无论是排放贸易、联合履行还是清洁发展机制，都只能成为附件B缔约方为履行规定的减排承诺而采取的本国行动的补充，但一个由美国、澳大利亚、日本、加拿大、冰岛、新西兰、俄罗斯、乌克兰和挪威等少数发达国家组成的"伞形集团"（Umbrella Group）强烈反对任何限制使用"京都灵活机制"的提议，而美国克林顿政府为了应对国内国会的强大压力，坚持发展中国家也要承担具体减排义务的立场。欧盟则坚决反对过度使用"灵活机制"，认为那样将不能使美国等高排放国家实质性地减少温室气体排放。77国集团加中国反驳了美国的提议，坚持出于公平的原则，在发展中国家承担减排义务之前，发达国家应率先减排。

2000年，第六次缔约方大会之后，新上台的美国总统布什宣布退出《京都议定书》，理由是议定书未能包括发展中国家的减排义务和美国履约成本过大。作为世界上CO_2排放量第一的国家，美国的退出引起了国际上的轩然大波和一致谴责。这为《京都议定书》的前景蒙上了一层厚厚的阴影（附图1-2）。

2004年12月，第十次缔约方大会在布宜诺斯艾利斯召开。对《京都议定书》能否生效起着决定性作用的俄罗斯态度终于明朗化。俄罗斯政府在经过长时间的犹豫和立场上的摇摆不定后，终于决定成为《京都议定书》缔约国。2004年11月5日，俄罗斯总统普京在《京都议定书》上签字，使这一旨在减少全球温室气体排放的议定书正式成为俄罗斯的法律文本。这样，《京都议定书》在经历了7年多的波折之后，终于满足了它生效的所有条件，于2005年2月16日正式生效。就在这一天，欧盟委员会在欧盟总部所在地比利时首都布鲁塞尔举行仪式，庆祝《京都议定书》正式生效，称这是目前人类拥有的对付气候变化的最有力工具。

附图1-2　2000年美国退出《京都议定书》

《京都议定书》第一承诺期在2012年12月31日到期，虽然2005年在蒙特利尔举行的议定书第一次缔约方会议启动了第二承诺期谈判进程，并设立特设工作组，但发达国家内心并不愿继续独自减排。蒙特利尔会议后，发达国家积极推动对议定书进行审评，希望借审评对《京都议定书》进行根本"改造"。发展中国家坚持审评不应为任何缔约方引入新的义务，发达国家试图通过审评推翻《京都议定书》的意图未能实现。另外，发达国家对已启动的有关第二承诺期进一步减排指标的谈判采取拖延战术，试图以拖待变。

国际气候变化谈判格局

第一股力量以美国为代表，主张推翻《京都议定书》框架，是阻碍国际社会在《京都议定书》基础上达成新的减排共识的主要障碍；

第二股力量以欧盟为代表，主张在《京都议定书》的基础上继续谈判，将减排力度适当提高，适用范围适当扩大；

第三股力量以基础四国（中国、印度、巴西、南非）为代表，主张严格坚持《公约》

和《京都议定书》，承诺采取更多积极有效的措施来减少排放。

经过艰苦谈判，2007年年底在印尼巴厘岛举行的《公约》第13次缔约方大会达成了"巴厘路线图"，标志着新一轮气候变化国际谈判的启动。"巴厘路线图"确定在《公约》和《京都议定书》"双轨"谈判机制下，于2009年年底在丹麦哥本哈根会议上就如何进一步加强2012年后应对气候变化国际合作取得一致结果。一是在《公约》下启动旨在加强公约全面、有效和持续实施的进程，讨论包括全球长期减排目标在内的长期合作的"共同愿景"，解决减缓、适应、资金和技术四大问题；二是《京都议定书》缔约方发达国家继续通过《京都议定书》工作组讨论确定2012年后"第二承诺期"的减排义务。"巴厘路线图"包括了非《京都议定书》缔约方发达国家的减排义务及所有发达国家减排义务之间的可比性，解决了其他发达国家对美国长期游离在外的关切。发展中国家也同意，在得到资金、技术和能力建设方面支持的情况下，采取"可测量、可报告、可核查"的方法适当减缓国内温室气体排放行为。

2012年11月，《公约》第18次缔约方大会在多哈举行。多哈会议达成了关于京都第二承诺期安排的协议，通过了以附件B修正案为核心的关于第二承诺期的相关法律安排，确定《京都议定书》第二承诺期从2013年1月1日开始至2020年12月31日终止，实现了第一、第二承诺期的无缝对接。第二承诺期继续将CO_2、CH_4、N_2O、HFCs、PFCs、SF_6 6种温室气体纳入核算范围，并在此基础上新增了NF_3。同意在京都第二承诺期框架下承担减排义务的国家包括欧盟及其27个成员国、挪威、冰岛、瑞士、列支敦士登、摩纳哥、克罗地亚、澳大利亚、乌克兰、白俄罗斯和哈萨克斯坦。这些国家承诺的总体减排指标是2013－2020年的平均排放比1990年减少18%，其中塞浦路斯和马耳他是新加入欧盟的国家，未在第一承诺期承担减排指标，白俄罗斯、哈萨克斯坦是新加入第二承诺期的国家，具体量化指标见附表1-1。加拿大已于2011年12月15日向联合国提交了退出《京都议定书》的书面通知，2012年12月15日起将不再是《京都议定书》缔约方。日本、新西兰、俄罗斯等仍是《京都议定书》缔约方，并有义务继续履行第一承诺期减排义务，但决定不再参加第二承诺期。国际气候谈判陷入低谷（附表1-1）。

附表1-1　国家量化温室气体减排指标

单位:%

缔约方	量化的限制或减少排放指标 （2008－2012年） （基准年或基准期百分比）	量化的限制或减少排放指标 （2013－2020年） （基准年或基准期百分比）
澳大利亚	108	99.5
奥地利	92	80
白俄罗斯	—	88
比利时	92	80
保加利亚	92	80
克罗地亚	95	80
塞浦路斯	—	80
捷克共和国	92	80
丹麦	92	80
爱沙尼亚	92	80
欧盟	92	80
芬兰	92	80

续表

缔约方	量化的限制或减少排放指标 （2008－2012年） （基准年或基准期百分比）	量化的限制或减少排放指标 （2013－2020年） （基准年或基准期百分比）
法国	92	80
德国	92	80
希腊	92	80
匈牙利	94	80
冰岛	110	80
爱尔兰	92	80
意大利	92	80
哈萨克斯坦	—	95
拉脱维亚	92	80
列支敦士登	92	84
立陶宛	92	80
卢森堡	92	80
马耳他	—	80
摩纳哥	92	78
荷兰	92	80
挪威	101	84
波兰	94	80
葡萄牙	92	80
罗马尼亚	92	80
斯洛伐克	92	80
斯洛文尼亚	92	80
西班牙	92	80

缔约方	量化的限制或减少排放指标 （2008－2012年） （基准年或基准期百分比）	量化的限制或减少排放指标 （2013－2020年） （基准年或基准期百分比）
瑞典	92	80
瑞士	92	84.2
乌克兰	100	76
英国	92	80
加拿大	94	—
日本	94	—
新西兰	100	—
俄罗斯	100	—

附录 二

《巴黎协定》主要内容

为解决《京都议定书》存在的问题，经过马拉松式的多边谈判，《公约》第21次缔约方大会上195个缔约方签署了《巴黎协定》，正式对2020年后全球气候治理进行了制度性安排，该法律协定于2015年12月12日诞生。

《巴黎协定》中提出协议生效的"双55"标准，即在2016年4月22日—2017年4月21日开放签署时，当不少于55个缔约方，且签署批准的各缔约方国家排放总量至少占全球温室气体总排放量的55%，缔约方交存其批准、接受、核准或加入文书之日后的第三十天起方可生效。"双55"标准降低了法律约束力的条件，在《巴黎协定》通过后不久，已有180多个国家向联合国提交了自主贡献文件，涉及全球95%以上的碳排放。

2016年4月22日《巴黎协定》开放签署，当日共有175个缔约方完成签署，这不仅创下了一天内签署国际协定国家数量最多的纪录，更标志着《巴黎协定》成为全球具有法律约束力的协定，确立了全球气候治理新秩序。

《京都议定书》完全坚持了共同但有区别的责任与各自能力原则，规定发达国家应强制减排，而发展中国家则无须承担强制性减排任务，这种刚性要求限制了减排的责任主体，其执行的效果更因在《京都议定书》中明确规定了发达国家的具体减排指标而大打折扣。而《巴黎协定》采取了缔约的方式，强调减排的差异性与自主性，通过权衡各方诉求以激励各国积极参与全球气候治理，有利于实现各国乃至全球总体的减排限排目标，这样的法律形式符合当前国际社会的现实需要与全球气候合作治理的新格局。

《巴黎协定》采用"协议+决议"的形式，其中决议部分包含6大方面内容，正式协议中涉及29大条目，对国家自主贡献、减缓、适应、损失和伤害、资金、技术开发和转让、能力建设、行动和资助透明度、全球总结等要素做出安排。协定聚焦了基本原则、三项长期目标、"自主贡献+盘点"以及法律约束力等主要问题,具体内容如下:

1.坚持《公约》中的基本原则并兼顾公平

气候变化多边协议的目的,不应仅是限制大国排放,而是通过国际社会的合作,让各国尽快步入低碳化进程。

《巴黎协定》明确了"公平原则、共同但有区别的责任原则,以及各自能力原则",所有缔约方均有全球减排的责任与义务,同时协定还考虑到各个国家的不同国情,突出了新兴大国应做出卓越贡献,并对最不发达国家及小岛屿发展中国家提供特殊的照顾,区别对待与相关规定的倾斜体现了协定的包容性、公平性。同时,发达国家与发展中国家在具体减排、资金、技术方面负有不同责任。在减排方面,发达国家与发展中国家分别实现与逐步实现绝对减排目标,这为发展中国家努力完成减排、限排目标与社会经济发展转型之间的平衡赢得时间,更为发达国家带头减排增添动力与支持。在资金援助方面,《巴黎协定》再次要求发达国家继续向发展中国家提供资金援助,强调了发达国家在帮助发展中国家减排与适应气候变化过程中应发挥主导作用,同时也鼓励其他国家在自愿基础上提供援助但不具有法定义务,反映出资金援助应该是但不再只是发达国家的责任,既动员了所有国家又兼顾了公平。

2.三项长期目标

《巴黎协定》首次明确提出了有关气候升温幅度、适应能力、资金流向的3项长期目标,具体如下:

(1)把全球平均气温升幅控制在工业化前水平以上低于2℃之内,

163

并努力将气温升幅限制在工业化前水平以上1.5℃之内，同时认识到这将大大减少气候变化的风险和影响；

（2）提高适应气候变化不利影响的能力，并以不威胁粮食生产的方式增强气候抗御力和温室气体低排放发展；

（3）使资金流动符合温室气体低排放和气候适应型发展的路径。

《巴黎协定》确立的目标将全球作为一个整体，目标体系覆盖了国际社会最为关心的三大方面。其中的亮点之一是设定了全球气温升幅的明确数值，同时在温室气体排放方面提出尽快达到全球温室气体排放的峰值，在21世纪下半叶实现全球净零排放的设想，意味着化石能源的时代即将结束，为发展中国家未来的低碳经济发展指明了路径与方向。

3."自主贡献+盘点"国际气候体制的确立

"自主贡献+盘点"是《巴黎协定》确立的全球减排行动框架，通过国家自主贡献及公布各自的排放量以确保"透明度"，利用全球盘点促进日益深化的"行动力度"。在备受各方关注的国家自主贡献问题上，根据《巴黎协定》，各方将以"自主贡献"的方式参与全球应对气候变化行动。各方应该根据不同的国情，逐步增加当前的自主贡献，并尽其可能大的力度，同时负有共同但有区别的责任。与以往不同的是，层次划分由发展中国家和发达国家，细分到发达国家、发展中国家、最不发达国家和小岛屿发展中国家。发达国家将继续带头减排，并加强对发展中国家的资金、技术和能力建设支持，帮助后者减缓和适应气候变化。此外，《巴黎协定》规定，2018年安排一次盘点各国自主贡献整体力度的"促进性对话"，算是全球盘点机制的一次预演，以评估减排进展与长期目标的差距，推动各国制定新的自主贡献承诺，同时提出，在此之前由政府间气候变化专门委员会提交一份关于全球升温1.5℃ 的影响及其相关全球排放路径的专题评估报告。从2023 年起，每5年对全球应对行动的总体进展进行一次盘点，以帮助各国提高减排力度、加强国际合作，兑现全球应对气候变化长期目标。

在《巴黎协定》的框架之下，中国提出了有雄心、有力度的国家自主贡献的四大目标：

（1）到2030年，中国单位GDP的CO_2排放要比2005下降60%～65%。

（2）到2030年，非化石能源在总能源当中的比例要提升到20%左右。

（3）到2030年左右，中国的CO_2排放要达到峰值，并且争取尽早达到峰值。

（4）增加森林蓄积量和增加碳汇，到2030年中国的森林蓄积量要比2005年增加45亿m^3。

《巴黎协定》是一个公平合理、全面平衡、富有雄心、持久有效、具有法律约束力的协定，传递出全球将实现绿色低碳、气候适应型和可持续发展的强有力积极信号。《巴黎协定》成为减少气候变化风险这一历史性旅程中的决定性转折点。各方为达成有雄心的、灵活的、可信的和持续有效的《巴黎协定》，展示出灵活性和团结一致。《巴黎协定》是继1992年《公约》、1997年《京都议定书》之后，人类历史上应对气候变化的第三个里程碑式的国际法律文本，形成2020年后的全球气候治理格局。

《巴黎协定》虽已达成，但只是确定了指导未来行动的原则和框架，各方对于如何具体落实依然存在分歧，《巴黎协定》中提出的各项目标仍需各国共同努力才能实现。因此，《巴黎协定》不是应对气候变化问题的终结，而是全球共同应对气候变化征程的"新起点"。在这漫漫征程中，不仅要求发达国家率先减排，走出一条可持续发展的低碳之路，并对发展中国家应对气候变化提供支持，也要求发展中国家不能再重复发达国家"先污染后治理"的老路，而是向增长的低碳化、能源的低碳化和消费的绿色化转型迈进，走一条绿色低碳的可持续发展之路。《巴黎协定》提出的"全球尽早达峰、21世纪下半叶实现零碳增长、21世纪末实现100%非化石能源替代"等分别是这场"马拉松"的10千米、半程和全程目标。只要各方放弃纷争、共同参与、相互扶持、相互督促，持之以恒、锲而不舍，这些目标就会逐一实现。

回看2015年中国提出的于2030年左右达峰和非化石能源占比达20%的行动目标，既是其内在诉求和经济发展的切实需要，也是落实《巴黎协定》、为全球应对气候变化做出贡献的实质努力。在提高非化石能源占比方面，中国面临着切实的困难与挑战，不仅需要加大对可再生能源的投资力度，还要严格控制能源消费总量。只有消费总量下来了，能源结构优化了，温室气体排放量才能得到实质上的控制。实现2030年目标，需要我们加快能源革命的步伐。在21世纪下半叶，应对气候变化努力追赶第一集团，且处于较好位置，最终在21世纪末实现应对气候变化最终目标的进程中，争取以第一集团成员的身份，引领全球绿色、低碳发展，为构建人类生态文明的命运共同体做出中国应有的贡献。

承诺碳中和的部分国家及重点行动

序号	国家	目标日期	承诺性质	主要内容
1	不丹	目前为碳负，并在发展过程中实现碳中和	《巴黎协定》下自主减排方案	不丹人口不到100万人、收入低，周围有森林和水电资源，平衡碳账户比大多数国家容易。但经济增长和对汽车需求的不断增长，正给排放增加压力
2	乌拉圭	2030年	《巴黎协定》下的自主减排承诺	根据乌拉圭提交联合国的国家报告，加上减少牛羊养殖、废弃物和能源排放的政策，预计到2030年，该国将成为净碳汇国
3	芬兰	2035年	执政党联盟协议	作为组建政府谈判的一部分，5个政党于2019年6月同意加强该国的气候法。预计这一目标将要求限制工业碳，并逐步停止燃烧泥炭发电
4	冰岛	2040年	政策宣示	冰岛已经从地热和水力发电获得了几乎无碳的电力和供暖，2018年公布的战略重点是逐步淘汰运输业的化石燃料、植树和恢复湿地
5	奥地利	2040年	政策宣示	奥地利联合政府在2020年1月宣誓就职，承诺在2040年实现气候中立。在2030年实现100%清洁电力，并以约束性碳排放目标为基础。右翼人民党与绿党合作，同意了这些目标
6	瑞典	2045年	法律规定	瑞典于2017年制定了净零排放目标。根据《巴黎协定》将碳中和的时间表提前了5年。至少85%的减排要通过国内政策来实现，其余由国际减排来弥补

1 资料来源：world resources institute: turning points: trends in countries' reaching peak greenhouse gas emissions over time, 2017.11。

续表

序号	国家	目标日期	承诺性质	主要内容
7	美国加利福尼亚州	2045年	行政命令	加利福尼亚州的经济体量是世界第五大经济体。前州长杰里·布朗在2018年9月签署了碳中和令,该州几乎同时通过了一项法律,在2045年前实现电力100%可再生,但其他行业的绿色环保政策还不够成熟
8	丹麦	2050年	法律规定	丹麦政府在2018年制订了到2050年建立"气候中性社会"的计划。该计划包括从2030年起禁止销售新的汽油和柴油汽车,并支持电动汽车。气候变化是2019年6月议会选举的一大主题,获胜的"红色集团"政党在6个月后通过的立法中规定了更严格的排放目标
9	英国	2050年	法律规定	英国在2008年已经通过了一项减碳排框架法,因此设定净零排放目标很简单,只需将80%改为100%。在2019年6月27日修正的议会的议会正在制定一项减碳排法案,在2045年实现净零排放,这是基于苏格兰强大的可再生能源资源和正在枯竭的北海油田储存二氧化碳的能力
10	法国	2050年	法律规定	法国国民议会于2019年6月27日投票将净零目标纳入法律。在2021年6月的报告中,新成立的气候高级委员会建议法国必须将减排速度提高3倍,以实现碳中和目标

续表

序号	国家	目标日期	承诺性质	主要内容
11	新西兰	2050年	法律规定	新西兰最大的排放源是农业。2019年11月通过的一项法律为除生物甲烷（主要来自绵羊和牛）以外的所有温室气体设定了净零目标，到2050年，生物甲烷将在2017年的基础上减少24%~47%
12	德国	2050年	法律规定	德国第一部气候法于2019年12月生效，这项法律的导语说，德国将在2050年前"追求"温室气体中立
13	匈牙利	2050年	法律规定	匈牙利在2020年6月通过的气候法中承诺到2050年气候中和
14	西班牙	2050年	法律草案	西班牙政府于2020年5月向议会提交了气候框架法案草案，设立了一个委员会来监督进展情况，并立即禁止新的煤炭、石油和天然气勘探可证
15	爱尔兰	2050年	执政党联盟协议	在2020年6月敲定的一项联合协议中，3个政党同意在法律上设定2050年的净零排放目标，在未来10年内每年减排7%
16	挪威	2050年/2030年	政策宣示	挪威议会是世界上最早讨论气候中和问题的议会之一，努力在2030年通过国际抵消实现碳中和，2050年在国内实现碳中和。但这个承诺只是政策意向，而不是一个有约束力的气候法
17	葡萄牙	2050年	政策宣示	葡萄牙于2018年12月发布了一份实现净零排放的路线图，概述了能源、运输、废弃物、农业和森林的战略。葡萄牙是呼吁欧盟通过2050年净零排放目标的成员国之一

续表

序号	国家	目标日期	承诺性质	主要内容
18	智利	2050年	政策宣示	智利于2019年6月宣布，智利努力实现碳中和。2020年4月，政府向联合国提交了一份强化的中期承诺，重申了其长期目标。已经确定在2024年前关闭28座燃煤电厂中的8座，并在2040年前逐步淘汰煤电
19	瑞士	2050年	政策宣示	瑞士联邦委员会于2019年8月28日宣布，打算在2050年前实现碳净零排放，深化了《巴黎协定》规定的减排70%~85%的目标。议会正在修订其气候立法，包括开发技术未来去除空气中的二氧化碳（瑞士这个领域最先进的试点项目之一）
20	加拿大	2050年	政策宣示	加拿大总理于2019年10月连任，其政纲是以气候行动为中心的、承诺净零排放目标，并制定具有法律约束力的5年一次的碳预算
21	韩国	2050年	政策宣示	韩国执政的民主党在2020年4月的选举中以压倒性优势重新执政。选民们支持其"绿色新政"，即在2050年前使经济脱碳，并结束对使用煤炭融资。这是东亚地区第一个此类承诺，对全球第七大二氧化碳排放国来说也是一件大事。韩国约40%的电力来自煤炭，一直是海外煤电厂的主要融资国
22	南非	2050年	政策宣示	南非政府于2020年9月公布了低排放发展战略（LEDS），概述了到2050年成为净零经济体的目标
23	欧盟	2050年	提交联合国	根据2019年12月公布的"绿色协议"，欧盟委员会正在努力实现整个欧盟2050年净零排放的目标，该长期战略于2020年3月提交联合国

续表

序号	国家	目标日期	承诺性质	主要内容
24	斯洛伐克	2050年	提交联合国	斯洛伐克是第一批正式向联合国提交长期战略的欧盟成员国之一，目标是在2050年实现"气候中和"
25	斐济	2050年	提交联合国	作为2017年联合国气候峰会COP23的主席，斐济为展现领导力做出了额外努力。2018年，这个太平洋岛国向联合国提交了一份计划，目标是在所有经济部门实现净碳零排放
26	马绍尔群岛	2050年	提交联合国	在2018年9月提交给联合国的最新报告提出了到2050年实现净零排放的愿望，尽管没有具体的政策来实现这一目标
27	哥斯达黎加	2050年	提交联合国	2019年2月，哥斯达黎加制定了"一揽子"气候政策，12月向联合国提交的计划确定2050年净排放量为零
28	日本	21世纪后半叶尽早的时间	政策宣示	日本政府于2019年6月在主办G20国领导人峰会之前批准了一项气候战略，主要研究碳的捕获、利用和储存，以及作为清洁燃料来源的氢的开发。值得注意的是，逐步淘汰煤炭的计划尚未出台，预计到2030年，煤炭仍将供应全国四分之一的电力
29	新加坡	在21世纪后半叶尽早实现	提交联合国	新加坡避免承诺明确的脱碳日期，但将其作为2020年3月提交联合国的长期战略的最终目标。到2040年，内燃机车将逐步淘汰，取而代之的是电动汽车

承诺碳中和的部分国际企业及重点行动

序号	企业	行业	所属国家	达峰年份	中和年份	相关目标与具体措施
1	德国莱茵集团（RWE）	发电	德国		2040年	2030年实现碳排放比2012年减少75%。将在2020年关闭其在英国最后一个煤电厂，2030年前关闭德国Inden和Hambach两座露天煤矿，2030年前将荷兰的煤电厂转变为纯燃烧生物质电厂。Garzweiler露天煤矿2030年以后仅供RWE自己的煤电厂使用，煤电厂关闭以后此煤矿也关闭，预计于2038年关闭德国所有煤电厂。2040年之后，将以风电和光伏为主，加以储能，生物质和"绿色"燃气发电。
2	安塞尔·米塔尔（Arcelor Mittal）	钢铁	卢森堡	2030年	2050年	2030年比2018年减排30%。其实现碳中和目标主要依赖两种突破性的技术路线：智能碳路线和基于直接还原铁的路线。（1）智能碳（Smart Carbon）路线应用在传统的高炉-转炉（BF-BOF）工艺中，结合使用生物能源、CCS、氢能等技术实现全过程零排放。（2）直接还原铁（DRI）路线是非高炉炼铁工艺。直接还原铁路线的最终形态是基于氢气的直接还原铁-电弧炉工艺（Hydrogen-based DRI-EAF）
3	英国石油公司（BP）	石油	英国	2030年	2050年	2030年，运营所产生的碳排放在2019年基础上减少30%~35%，产品碳强度在2019年基础上降低15%；2050年或之前，成为净零排放公司（范围1及范围2），上游油气产品排放达到净零（范围3）产品碳强度降低50%（全生命周期）。

资料来源：各企业官方网站。

1

序号	企业	行业	所属国家	达峰年份	中和年份	相关目标与具体措施
3	英国石油公司（BP）	石油	英国	2030年	2050年	1.BP将实现公司业务的整体转型，向新能源加速迈进。到2030年将减少油气行业40%的产能，即每天减产约100万桶，并停止在新国家进行油气开发。同时预计将投入50亿美元加大低碳研究，包括投资可再生能源、生物燃料及生物能源领域、新能源交通领域等。 2.BP公司内部建立了RIC（Reduce/Improve/Create）框架支持长期的减排行动： （1）降低运营排放。BP已设立了阶段性排放控制目标，并设立1亿美元基金，支持上游运营的减排活动，同时开展广泛的甲烷监测活动，为未来甲烷排放控制活动奠定数据基础。 （2）改善产品排放绩效。一方面增加天然气供应，提高生物燃料比例，增加低排放产品的供应比例；另一方面提供高效低碳的燃料、润滑油和化工产品，如改善燃烧性能的发动机油等。BP还为客户提供已实现碳中和产品，如使用低排放工艺并采用减排信用抵消排放的碳中和PTA产品。 （3）创新低碳产业。BP持续加大可再生能源领域投入，包括生物燃料、快速充电桩等，同时每年拿出5亿美元向低碳能源、节能服务领域企业投资，并通过OGCI投资基金投资CCUS技术

续表

序号	企业	行业	所属国家	达峰年份	中和年份	相关目标与具体措施
4	皇家壳牌石油公司（Shell）	石油	荷兰	2035年	2050年	2035年，能源产品碳足迹将比2016年减少30%；2050年或更早实现能源业务净零排放、产品制造过程实现净零排放（范围1及范围2），协助客户使用壳牌能源产品实现净零排放（范围3排放），能源产品碳足迹减少65%。壳牌设置了短期和长期的目标以应对气候变化带来的影响，采用一套碳足迹方法来监测公司在能源生产、加工以及销售中产生的排放。在壳牌发布的能源转型报告中提出了"天空远景"的概念，即将全球平均气温的上升控制在2℃以下的宏伟远景。在"天空"远景中，到2070年以后，全球碳捕获量每年约为12Gt，同时化石燃料的使用将持续下降，这将实现整个能源系统达到净负排放。涉及两大方面如下： （1）投资碳捕集与封存（CCS）技术； （2）部署液化天然气LNG
5	海德堡水泥（Heidelberg Cement）	水泥	德国	2030年	2050年	2025年净CO₂排放相比1990年下降30%，2030年排放强度下降到500kgCO₂/t，2050年混凝土产品碳中和。为实现气候目标，采取的主要措施如下： （1）提高能源效率、替代燃料比例、实施余热回收； （2）产品创新（降低熟料碳酸盐配料比例、降低水泥熟料配比、使用新的添加剂等；

176

续表

序号	企业	行业	所属国家	达峰年份	中和年份	相关目标与具体措施
5	海德堡水泥（Heidelberg Cement）	水泥	德国	2030年	2050年	（3）碳捕集储存利用技术、窑炉电气化等新技术； （4）提高可再生能源比例； （5）低碳运输：优化运输路线，采用低碳运输方式等； （6）循环利用：混凝土回收再碳化等
6	宝马集团（BWM）	汽车	德国	—	—	2020年7月提出了到2030年的发展目标，包括供应链环节单车平均碳排放量较2019年降低20%，生产环节单车平均碳排放量较2019年减少80%，单车平均全生命周期碳排放量较2019年降低至少1/3，电动车累计销量超700万辆。自2021年起，完全抵消范围1和范围2的二氧化碳排放。 宝马集团通过在合同谈判过程中将供应商的碳足迹作为决策的考虑因素之一，《宝马集团供应商可持续发展政策2.0》要求供应商通过全生命周期评价（LCA）、CDP供应链计划或填报问卷调查等方式提供有关自身运营和上游活动的排放数据。宝马希望供应商按照《巴黎协定》采取有效措施，减少直接和间接二氧化碳排放（包括其上游供应链）

▶参考文献◀

第一章

[1]　新华社. 习近平在第七十五届联合国大会一般性辩论上发表重要讲话[EB/OL]. (2020-09-22) [2021-07-13]. http://www.gov.cn/xinwen/2020-09/22/content_5546168.htm.

[2]　新华社. 习近平在联合国生物多样性峰会上的讲话（全文）. (2020-09-30) [2021-07-13]. http://www.gov.cn/xinwen/2020-09/30/content_5548767.htm.

[3]　新华社. 习近平在第三届巴黎和平论坛的致辞（全文）[EB/OL]. (2020-11-12) [2021-07-13]. http://www.gov.cn/xinwen/2020-11/12/content_5561059.htm.

[4]　新华社. 习近平在金砖国家领导人第十二次会晤上的讲话[EB/OL]. (2020-11-17) [2021-07-13]. http://www.gov.cn/xinwen/2020-11/17/content_5562128.htm.

[5]　新华社. 习近平在二十国集团领导人利雅得峰会"守护地球"主题边会上的致辞[EB/OL]. (2020-11-22) [2021-07-13]. http://www.gov.cn/xinwen/2020-11/22/content_5563382.htm.

[6]　新华社.习近平在气候雄心峰会上的讲话（全文）[EB/OL]. (2020-12-12) [2021-07-13]. http://www.gov.cn/xinwen/2020-12/13/content_5569138.htm.

[7]　新华社. 习近平在世界经济论坛"达沃斯议程"对话会上的特别致辞（全文）[EB/OL]. (2021-01-25) [2021-07-13]. http://www.gov.cn/xinwen/2021-01/25/content_5582475.htm.

[8]　新华社. 习近平同法国德国领导人举行视频峰会[EB/OL]. (2021-4-16) [2021-07-13]. http://www.gov.cn/xinwen/2021-04/16/content_5600155.htm.

[9]　新华社. 习近平在"领导人气候峰会"上的讲话（全文）[EB/OL]. (2021-04-22) [2021-07-13]. http://www.gov.cn/xinwen/2021-04/22/content_5601526.htm.

[10]　新华社. 习近平在中国共产党与世界政党领导人峰会上的主旨讲话（全文）[EB/OL]. (2021-07-06) [2021-7-22]. https://www.12371.cn/2021/07/06/

ARTI1625577778292250.shtml.

[11] 新华社. 习近平在亚太经合组织领导人非正式会议上的讲话[EB/OL]. (2021-07-16) [2021-7-22]. https://www.12371.cn/2021/07/16/ARTI1626437534040860.shtml.

[12] 国务院. 国务院常委会研究决定我国控制温室气体排放目标[EB/OL]. (2009-11-26) [2021-07-13]. http://www.gov.cn/ldhd/2009-11/26/content_1474016.htm.

[13] 新华社. 强化应对气候变化行动——中国国家自主贡献（全文)[EB/OL]. (2015-06-30) [2021-07-13]. http://www.gov.cn/xinwen/2015-06/30/content_2887330.htm.

[14] 中国达峰先锋城市联盟. 城市达峰指导手册[M/OL]. (2017-04-10) [2021-07-13]. https://appc.ccchina.org.cn/Detail.aspx?newsId=67136&TId=233.

[15] 何建坤. 何建坤: 提升和强化省市和地区实现碳达峰的雄心、目标和措施 [EB/OL]. (2020-10-09) [2021-07-13]. http://www.igdp.cn/何建坤-提升和强化省市和地区实现碳达峰的雄心.

[16] PAS 2060: 2010. 2010碳中和证明规范[S]. 伦敦: 英国标准协会(BSI), 2010.

[17] IPCC. Global Warming of 1.5 °C[R/OL]. (2018-10-18) [2021-07-13]. https://www.ipcc.ch/sr15/.

[18] 中华人民共和国生态环境部. 关于发布《大型活动碳中和实施指南（试行)》的公告: 公告 2019年 第19号[A/OL]. (2019-06-14) [2021-07-13]. https://www.mee.gov.cn/xxgk2018/xxgk/xxgk01/201906/t20190617_706706.html.

[19] 邓旭, 谢俊, 滕飞. 何谓"碳中和"? [J]. 气候变化研究进展, 2021, 17(1): 107-113.

[20] Olivier J G J, Schure K M, Peters J. Trends in global CO2 and total greenhouse gas emissions[J]. PBL Netherlands Environmental Assessment Agency, 2017, 5: 1-11.

[21] WATER W C. WMO greenhouse gas bulletin[J]. 2019.

[22] 中国气象局气候变化中心. 中国气候变化蓝皮书(2020)[M]. 北京:科学出版社, 2020.

[23] 《生态环境系统应对气候变化专题培训教材》编委会. 生态环境系统应对气候变化专题培训教材[M]. 北京:中国环境出版集团, 2019.

第二章

[1]　邹骥. 论全球气候治理[M]. 北京: 中国计划出版社 , 2015

[2]　谢伏瞻. 应对气候变化报告[M]. 北京: 社会科学文献出版社, 2019

[3]　HM Government. The UK Low Carbon Transition Plan [R/OL]. (2009-07-15) [2021-07-13]. https://assets.publishing.service.gov.uk/government/uploads/system/uploads/attachment_data/file/228752/9780108508394.pdf.

[4]　John R. Allen. American Climate Leadership Without American Government[EB/OL]. (2018-12-14) [2021-7-15] https://www.brookings.edu/blog/planetpolicy/2018/12/14/american-climate-leadership-without-american-government

[5]　Ministry of the Environment. On National Plan for Adaptation th the Impacts of Climate Change [EB/OL]. (2015-11-27) [2021-07-21]. https://www.env.go.jp/en/headline/2258.html.

[6]　European Parliament, 2021-06.Carbon Border Adjustment Mechanism.

[7]　UNEP. Emissions gap report 2020[J]. UN environment programme, 2020.

[8]　中国电力企业联合会. 焦点调研: 中电联重大调研成果(2016-2020): 煤电机组灵活性运行与延寿运行研究[M]. 北京: 中国电力出版社, 2021.

[9]　BP. Statistical review of world energy 2021[J]. BP Statistical Review, London, UK. 2021.

[10]　中华人民共和国统计局. 中国统计年鉴2020 [M]. 北京: 中国统计出版社, 2020.

[11]　清华大学气候变化与可持续发展研究院. 中国长期低碳发展战略与转型路径研究综合报告[M]. 北京: 中国环境出版社, 2021.

[12]　陈济, 姜艺, 李抒苡等. 零碳中国 · 绿色投资: 以实现碳中和为目标的投资机遇[R/OL]. (2021-01) [2021-07-21]. file:///C:/Users/admin/Downloads/202104270934095267.pdf.

[13]　European Commission. European Green Deal [A/OL]. (2019-12-11) [2021-07-21]. https://ec.europa.eu/info/strategy/priorities-2019-2024/european-green-deal/delivering-european-green-deal_en.

第三章

[1] 中国石油新闻中心.《中国石油和化学工业碳达峰与碳中和宣言》发布[EB/OL]. (2021-01-26) [2021-07-14].http://news.cnpc.com.cn/system/2021/01/26/030023003.shtml.

[2] 中国钢铁新闻网.钢铁担当，开启低碳新征程——推进钢铁行业低碳行动倡议书[EB/OL]. (2021-02-10) [2021-07-14]. http://www.csteelnews.com/xwzx/jrrd/202102/t20210210_46873.html.

[3] 中国建筑材料联合会.推进建筑材料行业碳达峰、碳中和行动倡议书[EB/OL]. (2021-01-16) [2021-07-14]. http://www.cbmf.org/cbmf/yw/7045330/index.html.

[4] 中国水泥协会.水泥行业碳达峰行动方案和路线图视频座谈会在京召开[J]. 中国水泥, 2021, {4} (03): 32-33.

[5] 人民网.推动"十四五"时期高质量发展 推动能源转型，展现国企担当[EB/OL]. (2021-03-04) [2021-07-14]. http://paper.people.com.cn/rmrb/html/2021-03/04/nbs.D110000renmrb_12.htm.

[6] 中国大唐集团有限公司.开启二次创业新征程 中国大唐集团召开2021年工作会议[EB/OL]. (2021-01-21) [2021-07-14]. http://www.china-cdt.com/dtwz/showdoc/EA044995-47DE-5B42-6036-9646834A13CC.html.

[7] 人民网.可再生能源占比大幅提升，华润电力计划2025年碳达峰[EB/OL]. (2021-05-11) [2021-07-23]. http://env.people.com.cn/n1/2021/0511/c1010-32099938.html.

[8] 人民网.舒印彪：加快突破能源转型关键技术 助力碳达峰碳中和目标实现[EB/OL]. (2021-03-09) [2021-07-23]. http://www.people.com.cn/32306/436854/436906/437061/index.html.

[9] 中国大唐集团有限公司.中国大唐发布碳达峰碳中和行动纲要[EB/OL]. (2021-06-23) [2021-07-23].http://www.china-cdt.com/dtwz/showdoc/B269540B-CA16-220D-8F67-96E1B3271508.html.

[10] 中国能建.践行碳达峰、碳中和"30·60"战略目标行动方案（白皮书）[EB/OL]. (2021-06) [2021-07-23]. http://www.jzamsg.com/module/download/downfile.jsp?classid=0&filename=2106182007252596514.pdf.

[11] 国家电网.国家电网公司发布"碳达峰、碳中和"行动方案[EB/OL]. (2021-03-01) [2021-07-14]. http://www.sgcc.com.cn/html/sgcc_main/

col2017021449/2021-03/01/20210301152244682318653_1.shtml.

[12] 中国南方电网有限责任公司. 南方电网公司发布服务碳达峰、碳中和工作方案 [EB/OL]. (2021-03-19) [2021-07-14]. http://www.sasac.gov.cn/n2588025/ n2588124/c17645421/content.html.

[13] 中国宝武. 全球最大钢企中国宝武发布碳减宣言[EB/OL]. (2021-01-22) [2021-07-14]. http://www.baowugroup.com/media_center/news_ detail/201868.

[14] 王颖.《鞍钢集团碳达峰碳中和宣言》正式发布[EB/OL]. (2021-05-28) [2021-07-23]. http://www.ansteel.cn/news/xinwenzixun/2021-05-28/b9e91e0ec6af bd19daf5f80918d5d4ca.html.

[15] 中国石油报. 重磅! 中国石油发布绿色低碳发展行动计划3.0[EB/OL]. (2022-06-05) [2022-07-04].https://baijiahao.baidu.com/s?id=1734754893967744 147&wfr=spider&for=pc.

[16] 国家发改委环资司. 中国石化深入实施绿色洁净发展战略 助力实现碳达峰碳中和[EB/OL](2022-05-31)[2021-07-14].https://www.ndrc.gov.cn/fggz/hjyzy/ tdftzh/202205/t20220531_1326388.html?code=&state=123.

[17] 工人日报. 中国海油发布"双碳"行动方案,"十四五"期间碳排放强度下降 10%-18% [EB/OL].(2022-06-30)[2021-07-14].https://baijiahao.baidu.com/ s?id=1737052780801453528&wfr=spider&for=pc.

[18] 隆基新闻. 隆基2021年供应商大会: 协同共赢、互联创新、绿色减碳. [EB/OL]. (2021-01-08) [2021-07-23]. https://www.longi.com/cn/news/5449/.

[19] 通威集团新闻中心. 通威集团将于2023年前实现碳中和[EB/OL]. (2021-02-02) [2021-07-14]. https://www.tongwei.com/news/14452.html.

[20] 比亚迪. 比亚迪启动碳中和规划研究 用技术创新助力零碳目标[EB/OL]. (2021-02-01) [2021-07-14]. https://www.byd.com/cn/news/2021-02- 01/1514439766089.

[21] 长城汽车. 蓄势领跑新能源、智能化新赛道 长城汽车向2025战略目标全力 进发[EB/OL]. (2021-07-07) [2021-11-27]. https://www.gwm.com.cn/ news/3401549.html.

[22] 腾讯网. 腾讯启动碳中和规划,用科技助力实现0碳排放[EB/OL]. (2021-01-12) [2021-07-14]. https://new.qq.com/rain/a/20210112A052PL00.

第四章

[1] 国务院. 国务院关于印发"十二五"控制温室气体排放工作方案的通知: 国发〔2011〕41号[A/OL]. (2012-01-13) [2021-7-23]. http://www.gov.cn/zhengce/content/2012-01/13/content_1294.htm.

[2] 国务院. 关于印发节能减排"十二五"规划的通知: 国发〔2012〕40号[A/OL]. (2012-08) [2021-7-23]. http://f.mnr.gov.cn/201702/t20170206_1436692. html.

[3] 中华人民共和国国家发展和改革委员会. 国家发展改革委关于印发国家应对气候变化规划（2014-2020年）的通知: 发改气候[2014]2347号[A/OL]. (2014-09-19) [2021-7-23]. https://zfxxgk.ndrc.gov.cn/web/iteminfo.jsp?id=298.

[4] 国务院. 国务院关于印发"十三五"控制温室气体排放工作方案的通知: 国发〔2016〕61号[A/OL]. (2016-11-04) [2021-7-23]. http://www.gov.cn/zhengce/content/2016-11/04/content_5128619.htm.

[5] 国务院. 国务院关于印发"十三五"节能减排综合工作方案的通知: 国发〔2016〕74号[A/OL]. (2017-01-05) [2021-7-23]. http://www.gov.cn/zhengce/content/2017-01/05/content_5156789.htm

[6] 国家发展改革委办公厅. 国家发展改革委办公厅关于开展碳排放交易权试点工作的通知: 发改办气候[2011]2601号[A/OL]. (2011-10-29) [2021-7-23]. https://zfxxgk.ndrc.gov.cn/web/iteminfo.jsp?id=1349.

[7] 国家发展改革委. 国家发展改革委关于印发全国碳排放权交易市场建设方案（发电行业）: 发改气候规〔2017〕2191号[A/OL]. (2017-12-18) [2021-7-23]. https://www.ndrc.gov.cn/xxgk/zcfb/ghxwj/201712/W020190905495689305648.pdf.

[8] 生态环境部. 碳排放权交易管理暂行条例（征求意见稿)[A/OL]. (2019-04-03) [2021-07-22]. http://www.mee.gov.cn/hdjl/yjzj/wqzj_1/201904/W020190403600998752001.pdf.

[9] 国家应对气候变化战略研究和合作中心等. 中国低碳省市试点进展报告[M]. 北京: 中国计划出版社, 2017.

[10] 云南省人民政府, 云南省人民政府关于印发云南省低碳发展规划纲要(2011－2020年): 云政发〔2011〕83号. (2011-04-19) [2021-7-23]. https://www.carbonlib.com/wiki-doc-3503.html.

[11] 刘恒伟, 丁丁, 徐华清. 杭州市国家低碳城市试点工作调研报告[EB/OL].

(2015-01-15) [2022-6-20]. http://www.ncsc.org.cn/yjcg/dybg/201501/t20150115_609605.shtml.

[12] 武汉市人民政府办公厅. 市人民政府关于印发武汉市低碳城市试点工作实施方案的通知: 武政〔2013〕81号[A/OL]. (2013-09-18) [2022-6-20]. http://hbj.wuhan.gov.cn/fbjd_19/xxgkml/zwgk/wrfz/dqwrfz/202009/t20200928_1457516.html.

[13] 武汉市人民政府办公厅. 市人民政府关于印发武汉市碳排放达峰行动计划（2017－2022年）的通知: 武政〔2017〕36号[A/OL]. (2018-01-02) [2022-6-20]. http://fgw.wuhan.gov.cn/zfxxgk/zfxxgk_1/zc/202001/P020200117614230842042.pdf.

[14] 裔玉乾. 镇江低碳城市建设的探索实践[J]. 中国机构改革与管理, 2019(02): 36-37.

[15] 三明市人民政府办公室. 三明市人民政府办公室关于印发三明市低碳发展规划（2018-2022年）: 明政办〔2019〕49号. (2019-11-28) [2022-6-20]. http://www.sanming.gov.cn/smsrmzfbgs/smsrmzf/zfxxgkml/ghjh/201912/t20191209_1454404.htm.

[16] 冶雅琴. 西宁市入围国家低碳试点城市[EB/OL]. (2017-01-15) [2022-6-20]. https://www.xncd.gov.cn/contents/612/4134.html

第五章

[1] 国务院. 中华人民共和国国民经济和社会发展第十三个五年规划纲要[A/OL].(2016-03-16)[2022-06-20]. http://www.gov.cn/xinwen/2016-03/17/content_5054992.htm.

[2] 广东省发展和改革委员会. 关于印发《广东省近零碳排放区示范工程实施方案》的通知: 粤发改气候函〔2017〕50号[A/OL]. (2017-01-20) [2021-07-15].http://drc.gd.gov.cn/ywtz/content/post_833321.html.

[3] 浙江省人民政府. 关于印发浙江省"十三五"控制室温气体排放实施方案的通知: 浙政发〔2017〕31号[A/OL]. (2017-08-03) [2021-07-15]. http://www.zj.gov.cn/art/2017/8/9/art_1229019364_55263.html.

[4] 北京市发展和改革委员会. 关于印发北京市"十三五"时期新能源和可再生能源发展规划的通知: 京发改〔2016〕1516号[A/OL]. (2016-09-05) [2021-07-15]. http://fgw.beijing.gov.cn/fzggzl/sswgh2016/ghwb/201912/

P020191227596639925739.pdf.

[5] 陕西省发展和改革委员会. 关于组织开展近零碳排放区示范工程试点的通知:陕发改气候〔2016〕1691号[A/OL]. (2016-12-27) [2021-07-15]. http://sndrc.shaanxi.gov.cn/fgwj/2016nwj/1024730Q7FVfm.htm.

[6] 中华人民共和国生态环境部. 关于发布《大型活动碳中和实施指南（实行）》的公告[A/OL]. (2019-06-14) [2021-07-15]. http://www.mee.gov.cn/xxgk2018/xxgk/xxgk01/201906/t20190617_706706.html.

[7] 曾少军, 岑宁申. "碳中和"与北京绿色奥运[J]. 北京社会科学, 2008(02): 4-8. DOI:10.13262/j.bjsshkxy.bjshkx.2008.02.013.

[8] 中国绿色碳汇基金会. 中国绿色碳基金会出资营造5000亩碳汇林 实现联合国气候变化天津会议"碳中和"[EB/OL]. (2010-10-11) [2022-06-20]. http://www.thjj.org/showfile.html?projectid=227&username=heyeyun&articleid=872D06E7BF4945E59B2B607E66E765A2.

[9] 新华社. 2014年APEC会议碳中和林拟营造1274亩[EB/OL]. (2014-11-03) [2021-07-15] http://www.gov.cn/xinwen/2014-11/03/content_2774568.htm.

[10] 中国新闻网. G20杭州峰会"碳中和"林顺利建成20年内抵消会议碳排放[EB/OL]. (2017-03-16) [2022-06-20]. https://www.chinanews.com.cn/m/sh/2017/03-16/8176029.shtml.

[11] 颜之宏. 金砖国家领导人厦门会晤碳中和项目启动确保"零碳排放"[EB/OL]. (2017-08-22) [2022-06-20]. http://www.xinhuanet.com//politics/2017-08/22/c_1121522951.htm.

[12] 郭日生, 彭斯震. 碳市场[M]. 北京:科学出版社, 2010.

第六章

[1] 国家统计局. 战略性新兴产业分类（2018）[EB/OL]. (2018-11-07) [2022-06-20]. http://www.cnca.gov.cn/zl/tjjc/zlxz/202007/P020200709836725670450.pdf.

[2] 国务院.关于印发"十三五"国家战略性新兴产业发展规划的通知: 国发〔2016〕67号[A/OL]. (2016-12-19) [2022-06-20]. http://www.gov.cn/zhengce/content/2016-12/19/content_5150090.htm.

[3] 国家发展和改革委员会. 关于印发《加快推进天然气利用的意见》的通知: 发改

能源〔2017〕1217号[A/OL]. (2017-06-23) [2022-06-20]. https://www.ndrc. gov.cn/xxgk/zcfb/tz/201707/W020190905516504155901.pdf.

[4] 国家能源局.关于2021年风电、光伏发电开发建设有关事项的通知: 国能发新能〔2021〕25号[A/OL]. (2021-05-11) [2022-06-20]. http://zfxxgk.nea.gov. cn/2021-05/11/c_139958210.htm.

[5] 国家发展和改革委员会. 关于促进生物天然气产业化发展的指导意见: 发改能源规〔2019〕1895号[A/OL]. (2019-12-04) [2022-06-20].   https:// www.ndrc.gov.cn/xxgk/zcfb/ghxwj/201912/t20191219_1213770. html?code=&state=123.

[6] 中华人民共和国工业和信息化部.关于开展2021年工业节能监察工作的通知: 工信部节函〔2021〕80号[A/OL]. (2021-04-19) [2022-06-20]. https://www. miit.gov.cn/zwgk/zcwj/wjfb/zh/art/2021/art_7aa413c081a540aeaafe5be2 ccce6844.html.

[7] 工业和信息化部办公厅. 关于组织开展2021年工业节能诊断服务工作的通知: 工信厅节函〔2021〕121号[A/OL]. (2021-05-25) [2022-06-20]. https://www. miit.gov.cn/zwgk/zcwj/wjfb/zh/art/2021/art_9a9335f8819743619060b5ac 5d9c3e28.html.

[8] IEA. Iron and Steel Technology Roadmap [R/OL]. (2020-10) [2022-06-20]. https://www.iea.org/reports/iron-and-steel-technology-roadmap.

[9] 国家机关事务管理局, 国家发展和改革委员会. 关于印发"十四五"公共机构节约能源资源工作规划的通知: 国管节能〔2021〕195号[A/OL]. (2021-06-01) [2022-06-20]. http://www.gov.cn/zhengce/zhengceku/2021-06/04/ content_5615536.htm.

[10] 国家机关事务管理局, 国家发展和改革委员会, 财政部, 生态环境部. 深入开展公共机构绿色低碳引领行动促进碳达峰实施方案[A/OL]. (2021-11-06) [2022-06-20]. https://www.ggj.gov.cn/tzgg/202111/t20211119_33936.htm.

[11] 雄安绿研智库有限公司. 雄安新区绿色发展报告（2017-2019）——新生城市的绿色初心[M]. 北京: 中国城市出版社, 2020.

[12] 国家发展改革委, 自然资源部. 关于印发《全国重要生态系统保护和修复重大工程总体规划（2021-2035年）》的通知: 发改农经〔2020〕837号[A/OL]. (2020-06-03) [2022-06-20]. http://www.gov.cn/zhengce/zhengceku/2020-06/12/ content_5518982.htm.

2020
2021
2022
2023
2024
2025
2026
2027
2028
2029
2030

EMISSION PEAK

▼

▼

2031
2032
2033
2034
2035
2036
2037
2038
2039
2040

▼

2050

▼

2060

CARBON NEUTRALITY